74

REIHE AUTOMATISIERUNGSTECHNIK
Herausgegeben von B. Wagner und G. Schwarze

FORTRAN – Datenbeschreibung und Unterprogrammtechnik

Gerhard Paulin

VEB VERLAG TECHNIK BERLIN

ISBN 978-3-663-03027-0   ISBN 978-3-663-04215-0 (eBook)
DOI 10.1007/978-3-663-04215-0

Lektor: *Jürgen Reichenbach*

Bestellnummer: 8/3/4239   ES 20 K 2   DK 681.14

Satz und Druck: Engelhard-Reyhersche Buchdruckerei KG, Gotha
Einbandgestaltung: *Kurt Beckert*

Eingetragene Schutzmarke des Warenzeichenverbandes
Regelungstechnik e. V., Berlin

Inhaltsverzeichnis

Einführung 5

1. Reelle Konvertierung 6
1.1. Aufgabe und Aufbau der Formatanweisung 6
1.2. E-Konvertierung 8
1.3. D-Konvertierung 12
1.4. F-Konvertierung 13
1.5. G-Konvertierung 16

2. Eingabeanweisungen 18
2.1. Formatgebundene Eingabeanweisungen mit Eingabeliste 18
2.2. Formatgebundene Eingabeanweisungen ohne Eingabeliste 22
2.3. Formatfreie Eingabeanweisungen 22

3. Ausgabeanweisungen 23
3.1. Aufbau der Ausgabeanweisungen 23
3.2. Papiervorschub 25
3.3. Hilfsanweisungen für die Eingabe und Ausgabe von Daten 25

4. Komplexe und ganzzahlige Konvertierung 26
4.1. Format komplexer Zahlen 26
4.2. I-Konvertierung 26

5. Nichtnumerische Konvertierung 27
5.1. L-Konvertierung 27
5.2. H-Konvertierung 29
5.3. X-Konvertierung 31
5.4. A-Konvertierung 33

6. Variable Formatspezifikationen 35

7. Allgemeine Form der Formatspezifikationen 36
7.1. Verkürzung von Formatspezifikationen 36
7.2. Beziehungen zwischen der Eingabe-Ausgabe-Liste und der Formatanweisung 37
7.3. Trennzeichen in der Formatspezifikation 38
7.4. Syntax der Formatanweisung 39

8. Unterprogrammtechnik 40
8.1. Aufgabe der Unterprogrammtechnik 40
8.2. Parametervermittlung 41

9. Interne Funktionen und externe Grundfunktionen 42

10. Anweisungsfunktionen 44
10.1. Definieren von Anweisungsfunktionen 44
10.2. Aufruf von Anweisungsfunktionen 45

11. Funktionsunterprogramme 47
11.1. Definition von Funktionsunterprogrammen 47
11.2. Aufruf von Funktionsunterprogrammen 50
11.3. Externanweisung 51

12. Subroutineunterprogramme 53
12.1. Definition von Subroutineunterprogrammen 53
12.2. Aufruf von Subroutineunterprogrammen 56

13. Spezifikationsunterprogramme 58
14. Gesamtaufbau des FORTRAN-Programms 59
14.1. Programmstruktur 59
14.2. Abschließende Beispiele 60

15. Zusammenfassungen 67
15.1. Schlüsselwörter 67
15.2. Syntaktische Tafeln 67
15.3. Fachbegriffe Englisch-Deutsch 82

Lösungen 86

Literaturverzeichnis 93

Sachwörterverzeichnis 94

Einführung

Ein wesentlicher Teil der für das Programmieren von Datenverarbeitungs-
anlagen aufzuwendenden Arbeit besteht aus technischen Vorarbeiten:
dem Aufbereiten und Lochen der Daten. Ein sinnvolles Zusammenfassen
von Einzeldaten zu Datensätzen und unterschiedliche Kodierungsmöglich-
keiten, die eine Anpassung an die spezielle Struktur der Einzeldaten ge-
statten, vereinfachen und erleichtern die technischen Vorarbeiten. Darüber
hinaus muß die Informationsdarstellung auf dem Eingabemedium so be-
schaffen sein, daß die Zeit für die Entschlüsselung und Eingabe in die
Anlage möglichst klein ist.

Aus diesen Gründen sind in problemorientierten Sprachen für alphanume-
rische Informationsverarbeitung Sprachelemente enthalten, die die Über-
nahme von Dateninformationen bei verschiedenen externen Darstellungs-
formen beschreiben. Analog gelten diese Bemerkungen für die Ausgabe
von Informationen.

Dieser Band beschäftigt sich im ersten Teil damit, wie Dateninformationen
dargestellt und wie sie in FORTRAN-Programmen verwendet werden.

Beim Leser wird vorausgesetzt, daß er die Kodierung von Formeln kennt,
wie sie in RA 73 behandelt worden ist.

Ein weiterer wichtiger Gesichtspunkt bei der Programmierung von Daten-
verarbeitungsanlagen ist der des Arbeitens mit Unterprogrammen. Anschließend an die Darstellung von Eingabe- und Ausgabeprozessen werden
die Möglichkeiten der Unterprogrammtechnik in FORTRAN-Programmen
behandelt und an Beispielen illustriert.

1. Reelle Konvertierung

1.1. Aufgabe und Aufbau der Formatanweisung

Die in RA 73 behandelten Typanweisungen, common-Anweisungen und Anfangswertanweisungen sind sog. nichtausführbare Anweisungen. Diese nichtausführbaren Anweisungen haben für die Übersetzung des FORTRAN-Programms in ein Maschinenprogramm Bedeutung, sie werden zum Reservieren von Speicherplatz, zur Organisation des Speicherplatzes und zur Herstellung der Befehlswörter benötigt.

So muß etwa in einem Additionsbefehl auch eine Information darüber kodiert sein, wie die Operanden zu interpretieren sind, ob es z. B. ganze Zahlen oder Zahlen im gleitenden Komma (Typ reell) sind, da in jedem Fall ein anderer Operationsablauf im Automaten erforderlich ist. Es soll jetzt eine weitere nichtausführbare Anweisung besprochen werden — die Formatanweisung. Diese Anweisung enthält Zusatzinformationen für den Datentransport von einem externen Datenträger in die Anlage bzw. Zusatzinformationen, die den Datentransport aus der Anlage auf ein Ausgabemedium modifizieren. Solche Zusatzinformationen sind erforderlich, um die auf einem Eingabemedium gespeicherten Daten bei der Eingabe in Speicherbereiche richtig zu interpretieren oder gespeicherte Daten in einer gewünschten Form auszugeben.

Nehmen wir als Beispiel an, die Ziffernfolge 2967415 sei in die Lochkarte gestanzt worden. Dann könnte die Eingabe dieser Information bewirken, daß im Speicher die interne Darstellung der ganzen Zahl 2967415 erscheint. Soll jedoch der Wert 29,674 15 der Ziffernfolge entnommen werden, dann müßte während der Übertragung in den Speicherbereich eine Kommainformation hinzugefügt werden. Selbst dann kämen jedoch für die interne Speicherung mehrere Möglichkeiten in Frage, die den unterschiedlichen FORTRAN-Darstellungen reeller Zahlen entsprächen. Beispiele:

> 0.2967415 E2
>
> 0.2967415 D2

(oder auch mit anderer Stellung des Dezimalpunktes etwa

> 2967415.E-5 usw.,

das hängt jedoch nur von der speziellen Realisierung in der Anlage ab). Es wäre also außer der Kommainformation auch eine Typinformation erforderlich.

Insgesamt bedeutet also die Tatsache, daß der Ziffernfolge allein nicht entnommen werden kann, wie sie intern interpretiert und dargestellt werden soll, daß Konvertierungsvorschriften angegeben werden müssen.

Der Zusammenhang zwischen der äußeren Darstellung von Zahlen und ihrer internen Darstellung wird durch nichtausführbare Anweisungen hergestellt.

Für jeden Datentyp (reell, ganzzahlig, doppelte Genauigkeit, komplex, logisch, Hollerith) gibt es standardisierte Formen, wie diese Konvertierungsvorschriften aufzuschreiben sind. Diese standardisierten Formen heißen Formatanweisungen.

Daten werden in Form von Datensätzen eingegeben bzw. ausgegeben. Solche Datensätze heißen Records. Im Sonderfall enthält ein Record nur eine Dateneinheit. Der Umfang eines Records hängt vom Eingabemedium bzw. Ausgabemedium ab. Werden die Daten über Lochkarten eingegeben bzw. ausgegeben, so enthält eine Lochkarte einen Record. Wegen dieser Struktur ist es zweckmäßig, auch die Formatanweisung so aufzubauen, daß sie Angaben über die Konvertierungsvorschriften der Dateneinheiten eines Records enthält, evtl. sogar mehrere Records. Es sei nochmals betont, daß die Formatanweisung eine nichtausführbare Anweisung ist, auf die bei (noch zu behandelnden) Eingabeanweisungen und Ausgabeanweisungen Bezug genommen werden kann. Formatanweisungen können an beliebiger Stelle des Programms erscheinen, sie müssen mit einer Marke gekennzeichnet sein.

Die allgemeine Form einer Formatanweisung ist so:

formatanweisung ::= *marke* FORMAT (*formatspezifikation*)

Was unter *formatspezifikation* im einzelnen zu verstehen ist, wird in den nächsten Abschnitten dargestellt.

Wir wollen im folgenden als Datenträger für die Eingabe die Lochkarte betrachten. Die 80 Spalten der Lochkarte seien von links nach rechts numeriert. Die ersten l_1 Spalten dienen zur Darstellung der ersten Dateneinheit des Records, sie bilden das erste Eingabefeld, die anschließenden l_2 Spalten zur Darstellung einer weiteren Dateneinheit, eines zweiten Eingabefelds, usw.

Das Einlesen in die Rechenanlage erfolgt recordweise, wobei die Konvertierung feldweise erfolgt. Jedem Lochkartenfeld eines Records muß deshalb in der Formatbeschreibung eine Konvertierungsvorschrift zugeordnet sein.

Die l_i Spalten des i-ten Feldes auf der Lochkarte mögen zur Darstellung reeller Zahlen dienen. Die l_i Zeichen, die zur Darstellung der reellen Zahl verwendet werden, können folgendermaßen dargestellt sein:

1. wahlweise Angabe eines Vorzeichens
   (fehlendes Vorzeichen bedeutet eine positive Zahl);
   anschließend
2. eine Ziffernfolge, die einen Dezimalpunkt enthalten darf
3. wahlweise Angabe eines Exponententeils

Der Exponententeil darf maximal aus vier Zeichen bestehen.

Er kann eine der folgenden Formen haben:

1. $\pm$ natürliche Konstante (Vorzeichen muß gelocht sein)
2. En_1, En_1n_2, Ebn_1n_2, $E+n_1n_2$, $E{-}n_1$ oder $E{-}n_1n_2$, wobei n_1 und n_2 Ziffern symbolisieren
3. Dn_1, Dn_1n_2, Dbn_1n_2, $D+n_1n_2$, $D{-}n_1$, $D{-}n_1n_2$

Leerzeichen vor der ersten Ziffer des Feldes sind ohne Bedeutung, sie sind jedoch in der Länge l_i des Feldes mitzuzählen. Leerzeichen an anderer Stelle des Feldes werden als Nullen behandelt.

Beispiele:

Wir betrachten ein Feld aus zehn Zeichen. Zur Darstellung reeller Zahlen wären dann folgende Lochungen möglich:

1. Feld	6	1	8	3	5	0	7	b	b	b
2. Feld	7	.	b	b	b	b	b	b	b	b
3. Feld	b	b	b	b	b	+	6	.	1	b
4. Feld	b	b	b	b	–	2	8	9	.	0
5. Feld	b	6	3	8	4	0	0	0	—	9
6. Feld	—	3	1	1	4	.	8	5	+	1
7. Feld	.	5	5	5	9	0	E	b	0	1
8. Feld	b	1	3	6	.	4	E	—	1	2
9. Feld	b	b	b	b	+	2	7	E	—	3
10. Feld	b	b	b	—	1	6	8	D	b	2

Wie diese Eintragungen in dem Feld jedoch bei der Eingabe zu interpretieren sind, wird durch eine bei der Eingabe wirksame Formatanweisung festgelegt. Die möglichen Interpretationen der Eintragungen in ein Lochkartenfeld werden anschließend behandelt.

Abschließend sei bemerkt, daß durch die verschiedenen Formen des Ablochens von Zahlen die Locharbeit vereinfacht werden kann.

1.2. E-Konvertierung [1])

Syntax:

formatspezifikation ::= *e-konvertierung* |
                     formatspezifikation, formatspezifikation [2])

e-konvertierung ::= *einfache e-konvertierung* |
            e-konvertierung mit wiederholung |
            e-konvertierung mit verschiebung

einfache e-konvertierung ::= E *numerisches muster*

numerisches muster ::= *natürliche konstante. natürliche konstante*

e-konvertierung mit wiederholung ::= *wiederholungskonstante* U
                  einfache e-konvertierung

wiederholungskonstante ::= *natürliche konstante*

e-konvertierung mit verschiebung ::= *verschiebeexponent* U
                  einfache e-konvertierung |
     verschiebeexponent U *e-konvertierung mit wiederholung*

verschiebeexponent ::= *verschiebefaktor* P

verschiebefaktor ::= *ganzzahlige konstante*

[1]) E ist Abkürzung für exponent form (Exponentenform).
[2]) Wird im folgenden mehrfach erweitert.

8

Beispiele:

Einfache E-Konvertierung	E-Konvertierung mit Wiederholung	E-Konvertierung mit Verschiebung
E 12.6	2 E 12.6	2 P E 12.6
E 5.1	5 E 5.1	—1 P E 5.1
E 16.0	3 E 16.0	—5 P 3 E 16.0

Erläuterungen

1. Zur Abkürzung führen wir folgende symbolische Schreibweise ein:

$$n \ w \ E \ l. \ d;$$

n   Verschiebeexponent

w   Wiederholungskonstante

l und d   natürliche Konstanten der obigen Definition, $l \geqq d$

w und n sind wahlfrei zu verwenden, sie können also auch fehlen, so daß die Formen

$$n \ E \ l.d$$

und

$$w \ E \ l.d$$

und

$$E \ l.d$$

ebenfalls zulässig sind.

2. l gibt die Anzahl der Zeichen an, die zu der Dateneinheit gehören, d legt fest, wie viele Ziffern rechts vom Dezimalpunkt (Dezimalkomma) stehen sollen, gerechnet von der letzten Stelle an, die nicht zum Exponententeil gehört.

Enthält das Feld einen Dezimalpunkt, so ist die Dezimalpunktangabe der Formatspezifikation nicht wirksam.

E dient zur Bezeichnung der internen Form der Darstellung. Wenn also reelle Zahlen (das bedeutet wieder die Maschinenapproximation der reellen Zahlen) durch eine ganzzahlige Mantisse und einen zweistelligen Exponenten dargestellt werden, dann erfolgt bei der Programmcompilation die Reservierung entsprechenden Speicherbereichs und die Herstellung entsprechender Befehle, wenn in dem FORTRAN-Programm das Format durch E gekennzeichnet ist.

Beispiel:

Darstellung auf dem Eingabemedium	b361527
Formatspezifikation	E7.2
interne Darstellung entspricht	3615.27

Die interne Darstellung könnte etwa durch die Speicherung der Zeichenfolge 361527-2 gegeben sein und von der Maschine in entspfechenden Befehlen als $361527{,}0 \cdot 10^{-2}$ interpretiert werden. Übl ch ist auch die Darstellung 361527+4 mit der Interpretation $0{,}361527 \cdot 10^4$. Aus methodischen Gründen soll im weiteren *einer* Darstellungsform der Vorzug gegeben werden, und zwar soll die Darstellung des intern gespeicherten Wertes prinzipiell geschrieben werden als Produkt aus einer Mantisse m und einer Zehnerpotenz, wobei $|\,m\,| < 1$ gelten soll.

Beispiele:

Format-spezifikation	Darstellung auf dem Eingabemedium	Interne Darstellung entspricht
E 7.4	1234567	$0{,}1234567 \cdot 10^3$
	1234.56	$0{,}123456 \cdot 10^4$
	$b+35241$	$0{,}35241 \cdot 10^1$
	2341E—5	$0{,}2341 \cdot 10^{-5}$
	—4001—6	$—0{,}4001 \cdot 10^{-6}$

3. Soll die Formatanweisung als zusätzliche Information zu Ausgabeanweisungen gebraucht werden, so ist unter l die Anzahl aller Zeichen anzugeben, die ausgegeben werden. Ist demnach der Wert —3615,27 gespeichert und soll diese Zahl in der Form —0.361527Eb04 gedruckt oder gestanzt werden, so wäre in der Formatanweisung die E-Konvertierung

    E13.6

anzugeben.

Wenn der gleiche Wert mit der E-Konvertierung E11.4 ausgegeben wird, so entsteht —0.3615Eb04. Fortfallende Stellen werden gerundet.

4. In der Formatspezifikation können mehrere E-Konvertierungen angegeben werden:

    61 FORMAT (E16.6, E12.3, E9.1)

oder

    62 FORMAT (E14.6, E14.6, E14.6)

(Die Bedeutung einer solchen Liste wird im Abschn. 2. erklärt.)

5. Wiederholtes Auftreten derselben E-Konvertierung in einer Formatanweisung darf durch Angabe einer Wiederholungskonstanten w abgekürzt werden.

So ließe sich dann das letzte Beispiel auch als

    FORMAT (3E14.6)

schreiben.

6. Die E-Konvertierung kann durch die Angabe eines Verschiebeexponenten nP modifiziert werden. n ist eine ganzzahlige Konstante; sie wird als Exponent von 10 aufgefaßt. Mit dieser Potenz wird multipliziert, und zwar so, daß folgende Beziehung für die Dateneingabe gilt:

$$\text{externe Zahl} = \text{interne Zahl} \cdot 10^{\text{Verschiebefaktor } n}$$

Beispiele (für die Eingabe):

Darstellung auf dem Eingabemedium	Format-spezifikation	Interne Darstellung entspricht
_bbb_361527	E9.2	$0{,}3615\ 27 \cdot 10^4$
	2 PE9.2	$0{,}361527 \cdot 10^2$
	—3 PE9.2	$0{,}3615\ 270 \cdot 10^7$
_bb_361527_b_	E9.2	$0{,}361527 \cdot 10^5$

Wenn die externe Darstellung einen Exponenten enthält, so hat der Verschiebeexponent keine Wirkung (s. a. die Beispiele am Ende dieses Abschnitts).

Man beachte: Bei Dateneingabe wird durch Angabe eines Verschiebeexponenten der Wert verändert.

7. Ist die Formatanweisung für die nähere Beschreibung einer Datenausgabe vorgesehen, so bewirkt der Verschiebeexponent nP in einer E-Konvertierung, daß die reelle Grundkonstante mit 10^n multipliziert und der auszugebende Exponent um n verkleinert wird.

Man beachte: Bei Datenausgabe wird durch Angabe eines Verschiebeexponenten die Darstellung der Zahl verändert, nicht ihr Wert.

Beispiele (für die Ausgabe):

Interne Darstellung entspricht	Format-spezifikation	Gedruckt wird [1])
$0{,}361527 \cdot 10^4$	E12.6	0.361527E_b_04
	E12.5	_b_0.36153E_b_04
	1PE12.6	3.615270E_b_03
	—1PE12.6	0.036153E_b_05
$-0{,}361527 \cdot 10^{-2}$	E13.6	—0.361527E—02
	E12.5	—0.36153E—02
	1PE13.6	_b_—3.15270E—03
	—1PE13.5	_b_—0.03615E—01
	—2PE12.3	_bb_—0.004E_b_00

8. Tritt außerdem in der Formatspezifikation eine Wiederholungskonstante auf, so gilt der Verschiebeexponent für alle implizit vorhandenen E-Konvertierungen.

[1]) Die Ausgabe ist wieder vom Maschinentyp abhängig. So wie im Beispiel gezeigt, kann das Druckbild sein.

Es ist also

(1P 4E 6.3)

gleichwertig mit

(1PE 6.3, 1PE 6.3, 1PE 6.3, 1PE 6.3) .

9. Treten mehrere E-Konvertierungen explizit nach einem Verschiebeexponenten auf, so gilt der Verschiebeexponent für jede folgende. So
bedeutet

(2PE 13.3, E 11.4)

die Formatspezifikation

(2PE 13.3, 2PE 11.4) .

Soll der Gültigkeitsbereich unterbrochen werden, so muß ein weiterer
Verschiebeexponent auftreten, evtl. O. Soll in dem Beispiel der Verschiebeexponent nur für die erste E-Konvertierung gelten, dann muß
die zweite durch OP modifiziert werden, also (2PE 13.3, OPE 11.4).

10. Treten mehrere E-Konvertierungen auf und enthält die erste davon
keinen Verschiebeexponenten, so wird das als Verschiebeexponent OP
interpretiert.

1.3. D-Konvertierung

Was im Abschn. 1.2. ausführlich für die E-Konvertierung beschrieben
worden ist, gilt entsprechend für die D-Konvertierung. Insbesondere gilt
für die Eingabedaten, daß sie so aufgebaut sein müssen, wie im Abschn. 1.1.
angegeben.

Syntax:

einfache d-konvertierung :: = **D** *numerisches muster* [1])

d-konvertierung :: = *einfache d-konvertierung* |
          d-konvertierung mit wiederholung |
          d-konvertierung mit verschiebung

formatspezifikation :: = *e-konvertierung* | *d-konvertierung* |
          formatspezifikation, formatspezifikation [2])

In bezug auf die D-Konvertierung mit Wiederholung und die D-Konvertierung mit Verschiebung gelten die Definitionen aus Abschn. 1.2. sinngemäß.

[1]) D ist Abkürzung für double precision form (Darstellung mit doppelter Genauigkeit).
[2]) Wird im folgenden mehrfach erweitert.

In der internen Darstellung von Zahlen erhält man bei Dateneingabe mit einer Formatanweisung, die eine D-Konvertierung enthält, eine Form mit doppelt langer Ziffernfolge (bezogen auf die E-Konvertierung).[1] Die erste Ziffer im numerischen Muster bezeichnet den Umfang des externen Datenfelds.
Bei der Datenausgabe bezeichnet die erste Stelle im numerischen Muster die Länge des auszugebenden Wortes, wobei wiederum die Positionen für Leerzeichen und Vorzeichen mitzuzählen sind.

Beispiele (für die Ausgabe): [2]

Interne Darstellung entspricht	Formatspezifikation	Gedruckte Zahl
$-0{,}288003581 \cdot 10^3$	D 18.9	bb—0.288003581Db03
	D 16.9	—0.288003581Db03
	D 16.8	b—0.28800358Db03
	D 14.8	0.28800358Db03
	—1PD 16.9	—0.028800358Db04
	1PD 15.8	—2.88003581Db02

1.4. F-Konvertierung

Syntax:

einfache f-konvertierung ::= F *numerisches muster* [3]

f-konvertierung ::= *einfache f-konvertierung* |
        f-konvertierung mit wiederholung |
        f-konvertierung mit verschiebung

formatspezifikation ::= *e-konvertierung* | *d-konvertierung* |
        f-konvertierung |
        formatspezifikation, formatspezifikation

Beispiele:
    F 16.3, 2F 14.4, 3PF 10.2, 2P3F 11.5

Erläuterungen

1. Im numerischen Muster gibt die erste Konstante den Umfang des Datenfelds, die zweite Konstante die Anzahl der Ziffern hinter dem Dezimalpunkt an.

2. Enthält die Formatanweisung nähere Informationen für die Eingabeanweisung, so wird das eingegebene Datenfeld als reelle Zahl interpretiert.

---

[1] Diese Handhabung hat dazu geführt, von doppelter Genauigkeit zu sprechen (double precision).

[2] Vorausgesetzt ist wieder eine Anlage, in der Zahlen in der Form $\pm\, 0.n_1 n_2 \ldots n_k$ und zusätzlicher Angabe eines Exponententeils gespeichert sind.

[3] F ist Abkürzung für floating point form (Gleitkommaform).

Auf dem externen Eingabemedium (der Lochkarte etwa) müssen die
Daten wiederum in einer der Formen vorliegen, die im Abschn. 1.1.
dargestellt wurden.

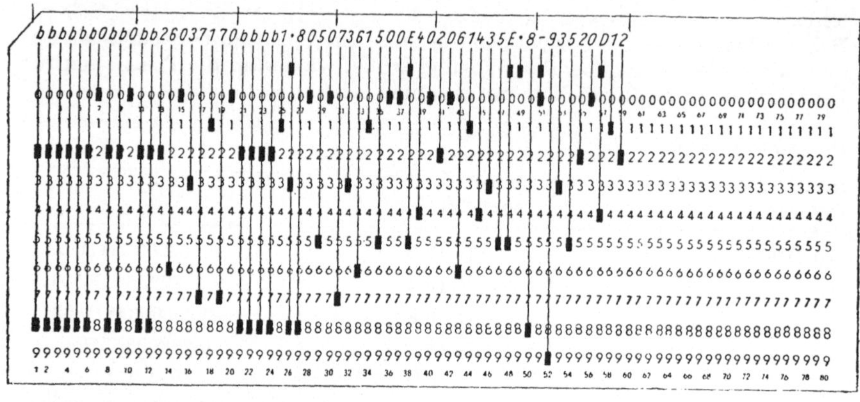

Bild 1. Lochkarte mit Datenfeldern

Bild 1 zeigt eine Lochkarte, in die (im Kode des ROBOTRON 300) folgende Felder eingestanzt sind:

> *bbbbbb0bb*0
> *bb*26037170
> *bbbb*1.8050
> 7361500E40
> 2061435E-8
> —935204D12

Werden diese sechs Felder eingelesen unter Verwendung der Formatanweisung F10.4, so würden intern folgende Werte dargestellt:

> 0,0
> 2603,7170
> 1,8050
> 736,15 · 10^{40}
> 206,1435 · 10^{-8}
> —93,5204 · 10^{12}

(Abhängig vom Automatentyp ist die Darstellung normiert.

In den Beispielen haben wir bisher angenommen, daß das FORTRAN-
Programm auf einer Anlage realisiert wird, die so konstruiert ist, daß
die Mantisse stets in dem Intervall von —1 bis +1 liegt und die erste

Ziffer nach dem Dezimalkomma nicht Null sein darf. Es wäre dann die interne Darstellung der gelochten Zahlen:

$$0,0 \cdot 10^0 \text{ (spezielle interne Darstellung)}$$
$$0,26037170 \cdot 10^4$$
$$0,18050 \cdot 10^1$$
$$0,73615 \cdot 10^{37}$$
$$0,2061435 \cdot 10^{-5}$$
$$-0,935204 \cdot 10^{14}$$

Die interne Darstellung der Zahlen kann jedoch auch anders aussehen. So ist etwa beim ROBOTRON 300 die Mantisse stets ganzzahlig, was zu der internen Darstellung

$$0 \cdot 10^0$$
$$26037170 \cdot 10^{-4}$$
$$18050 \cdot 10^{-4}$$
$$7361500 \cdot 10^{40}$$
$$2061435 \cdot 12^{-12}$$
$$-935204 \cdot 10^8$$

führen würde.

Die Einschränkung auf eine spezielle Darstellungsform in den Beispielen geschieht nur aus methodischen Gründen.)

3. Enthält das einzulesende Feld einen Dezimalpunkt, so wird seine Stellung durch die Formatanweisung nicht geändert.

4. Beim Einlesen von Daten unter Verwendung von Formatanweisungen sind die Formatspezifikationen

$$El.d$$
und
$$Fl.d$$

gleichwertig.

5. Bei dem Ausgeben von Daten wird bei Verwendung der F-Konvertierung kein Exponent gedruckt.
Beispiele (für die Ausgabe):

Interne Darstellung entspricht	Format- spezifikation	Gedruckt wird
$-0.28800358 \cdot 10^3$	F 11.6	—288.003580
	F 10.5	—288.00358
	F 9.5	288.00358
	F 8.5	88 .00358
	1PF 10.4	—2880.0358

Die letzte Zeile erklärt sich wiederum aus der Beziehung:

$$\text{externe Zahl} = \text{interne Zahl} \cdot 10^{\text{Verschiebefaktor } n}$$

Man beachte: Bei der Ausgabe mit F-Konvertierung wird durch einen Verschiebefaktor der Wert geändert.

1.5. G-Konvertierung [1])

Syntax:

einfache g-konvertierung ::= G *numerisches muster*

g-konvertierung ::= *einfache g-konvertierung* |
  g-konvertierung mit wiederholung |
  g-konvertierung mit verschiebung [2])

reelle konvertierung ::= *e-konvertierung* | *d-konvertierung* |
  f-konvertierung | *g-konvertierung* |

formatspezifikation ::= *reelle konvertierung* |
  formatspezifikation, formatspezifikation

Die G-Konvertierung stellt die vierte Möglichkeit zum Modifizieren der Eingabe bzw. Ausgabe reeller Zahlen dar. Bei der Dateneingabe wirkt die G-Konvertierung wie die F-Konvertierung, symbolisch geschrieben hieße das, daß die Formatspezifikation Gl.d im Zusammenhang mit der Dateneingabe durch Fl.d ersetzt werden kann.
Bei der Datenausgabe mit der Formatspezifikation Gl.d gibt l die Anzahl der Zeichen im externen Ausgabefeld an, d die Anzahl der wesentlichen (wertmäßig höchsten) Ziffernstellen. Betrachten wir zuerst den Fall, daß der Betrag der auszugebenden Zahl kleiner als 10^d, jedoch größer als 0,1 ist. Hierbei werden die letzten vier Stellen, die bei der Datenausgabe mit E-Konvertierung oder D-Konvertierung der Exponentenangabe dienen (s. Abschnitte 1.2. und 1.3.), durch Leerzeichen ersetzt, so daß die Anzahl der effektiv ausgegebenen Zeichen 1—4 ist. Auf diese 1—4 Positionen werden (rechtsbündig) die d wesentlichen Ziffern eingetragen.

Beispiel:

Interne Darstellung entspricht	Formatspezifikation	Ausgegeben wird
$0.4679218 \cdot 10^2$	G 12.7	46.79218*bbbb*
	G 12.4	*bbb*46.79*bbbb*
	G 10.4	*b*46.79*bbbb*
	G 10.5	46.792*bbbb*
	G 7.2	47.*bbbb*

[1]) G dient als Abkürzung für general numerical format specification (allgemeine numerische Formatspezifikation).

[2]) Sinngemäß wie im Abschn. 1.2.

Diese Ausgabe entspricht also in bezug auf die signifikanten Ziffern der Ausgabe mit F-Konvertierung, wenn man folgenden Zusammenhang beachtet:

A sei der Betrag der auszugebenden Zahl, dann gilt folgendes:

$0.1 \leq A < 1$, so ist Gl.d gleichbedeutend mit F(1—4).d,4 Leerzeichen

$1 \leq A < 10$, so ist Gl.d gleichbedeutend mit F(1—4).(d—1),
4 Leerzeichen

$10 \leq A < 100$, so ist Gl.d gleichbedeutend mit F (1—4).(d—2),
4 Leerzeichen

$\cdot$
$\cdot$
$\cdot$

$10^{d-1} \leq A < 10^d$, so ist Gl.d gleichbedeutend mit F(1—4).0,
4 Leerzeichen

Wenn die auszugebende Zahl nicht den Bedingungen dieser Tabelle genügt, wenn also entweder $A < 0,1$ oder $A \geq 10^d$ ist, so entspricht die G-Konvertierung der E-Konvertierung — die Positionen der Leerzeichen werden mit $E \pm n_1n_2$ besetzt.

Beispiel:

Interne Darstellung entspricht	Format-spezifikationen	Ausgegeben wird
$0.4679 \cdot 10^{-1}$	G 11.1	$bbbb$0.5E—01
	G 10.4	0.4679E—01
	G 9.3	bb47.E—01
$0.4679 \cdot 10^6$	G 11.4	46.7900Eb04
	G 12.3	b467.900Eb03
	G 11.5	4.67900Eb05

Die Angabe eines Verschiebeexponenten ist möglich, jedoch wird er nur wirksam, wenn die G-Konvertierung wie die E-Konvertierung gehandhabt wird.

Interne Darstellung entspricht	Format-spezifikation	Ausgegeben wird
$0.4679 \cdot 10^6$	2PG 11.4	46.7900Eb04
	3PG 11.3	467.900Eb03
$0.4679 \cdot 10^{-1}$	—2PG 10.4	0.0047Eb01

2. Eingabeanweisungen

2.1. Formatgebundene Eingabeanweisungen mit Eingabeliste

Zur Ausrüstung einer Datenverarbeitungsanlage gehören Geräte zur Dateneingabe (Lochkartenleseeinheiten, Lochbandleseeinheiten) und Geräte zur Datenausgabe (Schnelldrucker, Lochkartenstanzeinheiten, Lochbandstanzeinheiten).

Die für ein Programm benötigten Werte (auch Texte) liegen auf einem Eingabemedium in einem Eingabegerät vor und können von dem Programm angefordert werden, können gelesen werden. Die Ergebnisse werden auf ein Ausgabemedium ausgegeben (gedruckt oder gestanzt).

Zur Kennzeichnung der Eingabeeinheiten bzw. Ausgabeeinheiten sind den Geräten Kennziffern in Form von natürlichen Zahlen zugeordnet. Bei den Daten, die eingegeben bzw. ausgegeben werden sollen, handelt es sich, wie schon gesagt, stets um Datensätze (Records), bestehend aus einer oder mehreren Dateneinheiten. Ein Record faßt also im allgemeinen mehrere Dateneinheiten zu einem Ganzen zusammen. Eine Folge von Records heißt File. Das Einlesen von Daten ist ein Transport von Records von dem externen Datenträger in den Speicher der Rechenanlage, das Ausgeben von Daten ein entsprechender Transport von Informationen aus dem Speicher auf einen Datenträger der Ausgabegeräte.

Für das Folgende sei angenommen, daß die einzugebenden Daten auf Lochkarten vorliegen und daß die Ausgabe durch den Schnelldrucker oder den Lochkartenstanzer erfolgen soll. Dem Lochkartenlesegerät sei die Kennziffer 1 zugeordnet, dem Schnelldrucker die Kennziffer 2, dem Lochkartenstanzer die Kennziffer 3.

Es sei ferner angenommen, daß es sich bei den zu übertragenden Records um numerische Informationen handelt, die als reelle Zahlen interpretiert werden sollen.

Bild 1 zeigte, wie solche Informationen auf der Lochkarte kodiert sein können.

Diese reellen Zahlen sollen nun in den Speicher eingelesen werden und dabei

1. bestimmten Variablen zugeordnet und

2. dem Typ der Variablen entsprechend konvertiert werden.

Im FORTRAN-Programm wird das durch Eingabeanweisungen realisiert, die eine Bezeichnung der Eingabeeinheit enthalten, ferner einen Hinweis auf eine Formatanweisung, in der wiederum die Konvertierungsvorschrift (oder die Konvertierungsvorschriften) angegeben sind, und außerdem eine Liste der Variablennamen, denen die eingelesenen Werte zuzuweisen sind. Die Liste der Variablen darf dabei auch Feldelementnamen oder Feldnamen enthalten.

Aus methodischen Gründen soll hier das Schema der syntaktischen Definitionen ans Ende gestellt werden. (Wenn sich der Leser an dieses Schema genügend gewöhnt hat, kann er auch damit beginnen und alles andere als

Beispielmaterial betrachten.) Statt dessen sollen die möglichen Formen an Beispielen erläutert werden.

1. READ(1,30)X

Das Einlesen erfolgt vom Lochkartenlesegerät (Kennziffer 1) unter Verwendung der Formatanweisung, die die Marke 30 hat und an beliebiger Stelle des Programmteiles stehen kann. Die Formatspezifikation dieser Formatanweisung legt dabei fest, wie die eingelesene Dateneinheit zu konvertieren ist, bevor sie in den Speicherbereich mit dem symbolischen Namen X übertragen wird. Steht etwa auf der aktuellen Lochkarte die Zeichenfolge

b6321058

und lautet die Formatanweisung

30 FORMAT(F8.4) ,

so wird intern (in der Form der Darstellung von Gleitkommazahlen) der Wert 32,1058 unter der symbolischen Adresse X gespeichert. Anders gesagt: Der Variablen X wird der Wert 32,1058 zugewiesen.

2. READ(1,101)A,B,C

In diesem Beispiel sollen den drei Variablen A, B und C Werte zugewiesen werden. Die Konvertierung und interne Darstellung der Werte ist in der Formatanweisung mit der Marke 101 angegeben. Angenommen diese Formatanweisung heißt

101 FORMAT(F8.5,E14.6,D16.6) ,

dann wird die erste Dateneinheit (bestehend aus acht Zeichen, d. h. dargestellt in acht Spalten der Lochkarte) nach der F-Konvertierung umgewandelt, wie das in Punkt 1 gezeigt wird, und der Wert wird der Variablen A zugeordnet. Die nächste Dateneinheit, bestehend aus 14 Zeichen, würde durch die Formatspezifikation E14.6 in die interne Gleitkommadarstellung für reelle Zahlen übergeführt und B zugewiesen werden, analog verhält es sich mit der Wertzuweisung für C.

3. READ(1,77)Q(2), Q(3), Q(4),Z

77 FORMAT(3F9.6,F10.5)

Wegen des Wiederholungsfaktors 3 in der Formatanweisung werden Q(2), Q(3) und Q(4) mit der Formatspezifikation F 9.6 eingelesen.

4. DIMENSION A(20)

READ(1,70)A

70 FORMAT(E11.3)

In der Eingabeanweisung kann der Name eines Feldes auftreten. Die Formatspezifikation E11.3 gilt für jedes Feldelement.

5.   READ(1,76)(A(I),I = 2,20,2)

Auf der Position des Namens einer Variablen, eines Feldelements oder eines Feldes steht hier eine sog. zyklische Liste. Diese zyklische Liste stellt implizit eine Laufanweisung dar, wobei die Laufvariable — im Beispiel I — wie in einer Laufanweisung behandelt wird (s. a. RA 73). Im Beispiel ist der Anfangswert 2, der Endwert 20, und die Schrittweite zum Erhöhen von I ist 2. Die angegebene Formatanweisung 76 legt somit die Konvertierung für die Eingabe der Werte für zehn Feldelemente fest. Eine mögliche Formatanweisung wäre etwa

76 FORMAT(—2PE10.6).

6.   READ(1,399)((A(I,K),I = 2,20,2),K = 1,3)

Hier sind zwei implizite Laufanweisungen ineinander verschachtelt. Die äußere der impliziten Laufanweisungen ist die mit der Laufvariablen K, I ist die Laufvariable des inneren Bereichs. Beim Einlesen werden den Elementen des Feldes A — unter Verwendung der Formatanweisung 399 — Werte zugewiesen, und zwar in der Reihenfolge

A(2,1), A(4,1), A(6,1), . . ., A(20,1)

A(2,2), A(4,2), A(6,2), . . ., A(20,2)

A(2,3), A(4,3), A(6,3), . . ., A(20,3) .

Die Formatanweisung 399 könnte Konvertierungsvorschriften für mehrere Eingabedaten enthalten, wenn sich auf einer Lochkarte mehrere Zahlen befinden. Eine mögliche Formatanweisung, die bei dieser Eingabeanweisung verwendet werden könnte, wäre etwa

399 FORMAT(3F12.4) .

Von einer Lochkarte werden dann drei mal zwölf Spalten gelesen. Die Informationen von je zwölf Spalten nach der F-Konvertierung behandelt und übertragen. Alle anderen Spalten werden übergangen. Hieße die Formatanweisung 399 FORMAT(F12.4), so würden von jeder Lochkarte nur die ersten zwölf Spalten gelesen.

7.   READ(1,400)((A(I,K),I = 2,20,2),B(K),K = 1,3),A(1,1),C

Die Anweisung weist unter Verwendung der in der Formatanweisung 400 angegebenen Konvertierungsvorschriften den Elementen der Felder A und B Werte zu, und zwar in der Reihenfolge

A(2,1), A(4,1), . . ., A(20,1), B(1)

A(2,2), A(4,2), . . ., A(20,2), B(2)

A(2,3), A(4,3), . . ., A(20,3), B(3)

A(1,1), C .

Die Realisierung entspricht dem vorigen Beispiel.

20

Es soll jetzt das Definitionsschema für formatgebundene Eingabeanweisungen angegeben werden. (Das Schema wird in den Abschnitten 2.2. und 6. erweitert.)

Syntax:

formatgebundene eingabeanweisung ::= READ (*gerätekennzeichen, formatmarke*) *eingabeliste*

gerätekennzeichen ::= *natürliche konstante*

formatmarke ::= *marke* { die eine Formatanweisung kennzeichnet}

eingabeliste ::= *listenelement* | *eingabeliste, eingabeliste*

listenelement ::= *variablenname* | *feldelementname*
{bestehend aus dem Namen eines Feldes und einer Indexliste, s. Abschn. 18. in RA 73} |

feldname | *zyklische liste*

zyklische liste ::= (*eingabeliste, laufspezifikation*)

laufspezifikation ::= *laufvariable* = *laufliste*
{s. Abschn. 15. in RA 73}

Semantik:

Die Realisierung einer Eingabeanweisung der Form READ(g,f)l, worin g ein Eingabegerät, f eine Formatanweisung und l eine Liste symbolisieren, bewirkt, daß der nächste Record von dem durch g symbolisierten Eingabegerät eingelesen wird. Die eingelesene Information wird einer Konvertierungsvorschrift unterworfen, wie es in der durch f symbolisierten Formatanweisung angegeben ist. Die so entstehenden Werte werden den Programmgrößen zugewiesen, die in der Liste 1 aufgeführt sind.

Bei der Verwendung von zyklischen Listen sind folgende Eingabeanweisungen und Laufanweisungen äquivalent (symbolische Darstellung):

Eingabeanweisung	Laufanweisung
READ(g,f)(A(I),I=m_1,m_2,m_3)	DO r I=m_1,m_2,m_3 r READ(g,f)A(I)
READ(g,f)((A(I,J),I=m_1,m_2,m_3),J=n_1,n_2,n_3)	DO r J=n_1,n_2,n_3 DO r I=m_1,m_2,m_3 r READ(g,f)A(I,J)
READ(g,f)((A(I,J),I=m_1,m_2,m_3),B(J),J=n_1,n_2,n_3)	DO r J=n_1,n_2,n_3 DO s I=m_1,m_2,m_3 s READ(g,f)A(I,J) r READ(g,f)B(J)

Übung

Ü. 2.1. Wir wollen die Eingabe von Datensätzen, bestehend aus jeweils drei Dateneinheiten A,B,C, betrachten. Die Eingabe geschehe durch

READ(1,f)A,B,C   (f symbolisiert eine Formatanweisung).

Man vervollständige die Tabelle!

Lochkartendarstellung des
Records

				Intern gespeicherter Wert		
A	B	C	f	A	B	C
$b b$56–30	2.46E20	11094D5	3E7.2			
5.6b17b	$b b b$5801	b–46E–1	3F7.2			
–74000	b–70701	$b b b b b b$		$-0{,}74 \cdot 10^2$	$-0{,}707 \cdot 10^1$	$0{,}0$
–1465–9	1.6D–11	$b b b$.5–1		$-0{,}1465 \cdot 10^{-9}$	$1{,}6 \cdot 10^{-11}$	$0{,}5 \cdot 10^{-1}$
617.24	b–3156	b–4414	2PF6.3			

2.2. Formatgebundene Eingabeanweisungen ohne Eingabeliste

In der Eingabeanweisung READ(g,f)l kann l fehlen. Es sei noch einmal betont, daß das Einlesen stets recordweise erfolgt. Werden durch eine Eingabeanweisung nicht alle Informationen eines Records benötigt, so gehen die nicht zugewiesenen Informationen verloren. Beim Auftreten der nächsten Eingabeanweisung wird der nächste Record verarbeitet.
Es ist nun möglich, Records, die im Eingabegerät erscheinen, zu übergehen, indem man sie liest, jedoch keine Zuweisung zu Variablen, Feldern oder Feldelementen vornimmt. Durch eine solche Eingabeanweisung wird dann erreicht, daß der nächste Record für die nächste Eingabeanweisung bereitgestellt wird. (Andererseits können durch diese Form der Eingabeanweisung Zeichenfolgen direkt in eine Formatanweisung eingelesen werden, s. a. Abschn. 5.2.)
Die Syntax der formatgebundenen Eingabeanweisung aus Abschn. 2.1. wäre dann wie folgt zu erweitern:

formatgebundene eingabeanweisung ::= READ(*gerätekennzeichen, formatmarke*) *eingabeliste* |
READ(*gerätekennzeichen, formatmarke*)

2.3. Formatfreie Eingabeanweisungen

Eine formatfreie Eingabeanweisung hat eine der folgenden (symbolischen) Formen:

READ(g)l

oder

READ(g) ,

worin g wieder ein Gerätekennzeichen und l eine Eingabeliste darstellen.

Bei Verwendung dieser Eingabeanweisung muß der externe Record in
der internen Darstellungsform der Anlage vorliegen. (Das wird normalerweise dann der Fall sein, wenn der Eingaberecord durch eine Ausgabe
von Informationen ohne Konvertierung entstanden ist, d. h., wenn die
einzulesenden Records in vorangegangenen Programmteilen durch formatfreie Ausgabenanweisungen erzeugt wurden.)
Wenn die formatfreie Eingabeanweisung ausgeführt wird, wird der nächste
Record im Eingabegerät g gelesen, und die Werte werden den Elementen
in der Eingabeliste zugewiesen. Die Anzahl der Elemente in der Eingabeliste l kann wiederum kleiner oder gleich der Anzahl der Werte des Records
sein. Ist sie kleiner, so gehen die restlichen Werte des Records verloren.
Die Form READ(g) der formatfreien Eingabeanweisung wird — entsprechend zu Abschn. 2.2. — gebraucht, wenn ein Record übergangen und
der folgende zur Verarbeitung bereitgestellt werden soll, d. h. zum Einlesen mittels einer formatfreien Eingabeanweisung.

Vervollständigung der Syntax:

formatfreie eingabeanweisung ::= READ(*gerätekennzeichen*)
eingabeliste |
READ(*gerätekennzeichen*)

eingabeanweisung ::= *formatfreie eingabeanweisung* |
formatgebundene eingabeanweisung

3. Ausgabeanweisungen

3.1. Aufbau der Ausgabeanweisung

Die Ausgabeanweisung wird analog zur Eingabeanweisung gebildet.

Syntax:

ausgabeanweisung ::= *formatfreie ausgabeanweisung* |
formatgebundene ausgabeanweisung

formatfreie ausgabeanweisung ::= WRITE(*gerätekennzeichen*)
ausgabeliste

formatgebundene ausgabeanweisung ::= WRITE(*gerätekennzeichen,
formatmarke*)*ausgabeliste* |
WRITE(*gerätekennzeichen,
formatmarke*)

ausgabeliste ::= *eingabeliste* {Syntax s. Abschn. 2.}

Die formatfreie Ausgabeanweisung bewirkt, daß die Werte der in der
Ausgabeliste aufgeführten Dateneinheiten als neuer Record über die angegebene Ausgabeeinheit ausgegeben werden (gedruckt oder gestanzt oder
auf Magnetband ausgeschrieben). Die Ausgabe erfolgt im internen Kode
der Anlage. Diese Ausgabeform über die Lochkartenstanzeinheit oder die

Lochbandstanzeinheit wird im allgemeinen dann gewählt, wenn die ausgegebenen Daten zu einem späteren Zeitpunkt als Eingabedaten benutzt werden sollen.

Zur formatfreien Ausgabeanweisung gehört stets eine Ausgabeliste.

Die formatgebundene Ausgabeanweisung ruft wieder die Formatsteuerung auf, die eine Konvertierung der Werte, wie sie intern gespeichert sind, vornimmt, wie es in der Formatspezifikation beschrieben ist.

Die formatgebundene Ausgabeanweisung ohne Ausgabeliste wird so interpretiert, daß ein Record von Leerzeichen ausgegeben wird.

Beispiele (für die formatgebundenen Ausgabeanweisungen mit Ausgabeliste):

Name	Interne Darstellung entspricht	Ausgabeanweisung	Ausgegeben wird
X	$-0{,}961001 \cdot 10^2$	WRITE(3,3)X	-96.10010
		WRITE(3,4)X	− 0.961001E*b*02
A(1)	$0{,}827453 \cdot 10^1$	WRITE(3,1)(A(I), I=1,3)	*b*0.827453D*b*01
A(2)	$-0{,}269914 \cdot 10^1$		− 269914D*b*01
A(3)	$0{,}466667 \cdot 10^1$		*b*0.466667D*b*01
		WRITE(3,2)A(3)	*b*4.666*bbbb*
		3 FORMAT (F9.5)	
		4 FORMAT (E13.6)	
		1 FORMAT (D13.6)	
		2 FORMAT (G10.4)	

Übung

Ü. 3.1.1. Man gebe an, was in jedem Fall ausgegeben wird:

Name	Interne Darstellung entspricht	Ausgabeanweisung
X(1)	$0{,}16920130 \cdot 10^2$	WRITE(3,13)Z
X(2)	$-0{,}44444144 \cdot 10^2$	WRITE(3,1)(X(K),K=1,3)
X(3)	$0{,}179$	WRITE(3,5)VERS,X(3)
Z	$0{,}3792886 \cdot 10^4$	WRITE(3,9)Y(3)
Y(1)	$0{,}0$	WRITE(3,2)(X(K),Y(K),K=1,3,2)
Y(2)	$-0{,}1 \cdot 10^1$	WRITE(3,15)X(2),X(1)
Y(3)	$0{,}1112 \cdot 10^3$	5 FORMAT(2F10.8)
Y(4)	$0{,}6279318 \cdot 10^5$	1 FORMAT(3E15.6)
VERS	$0{,}711122139 \cdot 10^1$	2 FORMAT(4G11.6)
		13 FORMAT(D14.8)
		9 FORMAT(-2PF11.2)
		15 FORMAT(F8.4,F6.3)

3.2. Papiervorschub

Wenn Records mittels formatgebundener Ausgabeanweisungen gedruckt
werden sollen, müssen die Records eine zusätzliche Information für die
Steuerung des Papiervorschubs enthalten. Bei der Ausgabe über den
Lochkartenstanzer ist das nicht erforderlich.
In FORTRAN ist folgende Vereinbarung getroffen worden: Das erste
Zeichen eines Records wird nicht gedruckt, es dient zur Steuerung des
Papiervorschubs, wobei folgende Tafel gilt:

Zeichen	Papiervorschub vor dem Druck
b	eine Zeile
0	zwei Zeilen
1	neue Seite beginnen
+	kein Papiervorschub

Diese Angabe kann auf der ersten Stelle der Formatanweisung erscheinen,
die in der Ausgabeanweisung angegeben ist, und zwar in der Form einer
Hollerithkonstanten, nämlich

	1H*b*
oder	1H0
oder	1H1
oder	1H+ .

Beispiel:

```
    WRITE(2,17)A,B,X

 17 FORMAT(1H0,3F12.6)
```

(Über die Angabe von Hollerithkonstanten in Formatanweisungen s. a.
Abschn. 5.2.)

3.3. Hilfsanweisungen für die Eingabe und Ausgabe von Daten

Speziell für die Arbeit mit Files, die auf Magnetbändern gespeichert sind,
gibt es drei Anweisungen in FORTRAN. Sie dienen der Organisation
beim Lesen vom Band bzw. beim Lesen des Bandes.

Syntax:

hilfsanweisung ::= *einstellanweisung* | *rückstellanweisung* |
    fileendeanweisung

einstellanweisung ::= REWIND *gerätekennzeichen*

rückstellanweisung ::= BACKSPACE *gerätekennzeichen*

fileendeanweisung ::= ENDFILE *gerätekennzeichen*

Die Einstellanweisung bewirkt, daß die angegebene Magnetbandeinheit
auf einen definierten Anfangspunkt (normalerweise den ersten Record
eines Files) eingestellt wird, so daß dieser Record als nächster Record bei
einer Eingabeanweisung gelesen bzw. bei einer Ausgabeanweisung ausgegeben werden kann.

Durch die Rückstellanweisung wird die Magnetbandeinheit um einen Record zurückgesetzt, so daß der letzte Record wieder auf der Position des nächsten Records steht.

Durch die Fileendeanweisung wird ein Endekennzeichen übertragen und auf das Band geschrieben.

Wenn während der Ausführung einer Eingabeanweisung eine Endfilemarkierung angetroffen wird, ist die Wirkung nicht definiert.

Übungen

Ü. 3.3.1. Man fertige ein Programm an, das 30 Zahlen einliest, das **Ma**ximum und das Minimum bestimmt und diese beiden Zahlen druckt.

Ü. 3.3.2. Man fertige ein Programm an, das $\sqrt[3]{a}$, $a \geqq 0$, berechnet und das Ergebnis druckt.

4. Komplexe und ganzzahlige Konvertierung

4.1. Format komplexer Zahlen

Wir haben in RA 73, Abschn. 4.4., gesehen, daß in FORTRAN komplexe Zahlen als Paare reeller Zahlen behandelt werden. Ebenso wird das Format komplexer Zahlen durch ein Paar von Konvertierungsvorschriften für reelle Zahlen (nicht D-Konvertierung) angegeben.

Beispiele: (F7.2,F10.4)
           (E13.4,E12.4)
           (2F9.5)

Die erste der Konvertierungsvorschriften legt dann die Darstellung des Realteils fest, die zweite die des Imaginärteils.

4.2. I-Konvertierung

Syntax:

einfache i-konvertierung ::= I *natürliche konstante*[1])
i-konvertierung ::= *einfache i-konvertierung* |
           i-konvertierung mit wiederholung
           {analog zu Abschn. 1.2.}
numerische konvertierung ::= *reelle konvertierung* |
           i-konvertierung
formatspezifikation ::= *numerische konvertierung* |
           formatspezifikation, formatspezifikation

Beispiele: I9
          8I6

Führt man wieder als allgemeines Symbol

$$\boxed{\quad wIa \quad}$$

[1]) I ist Abkürzung für integer (ganzzahlig).

ein, so gibt a den Umfang des zugeordneten Datenfelds an, w gibt an, wie oft derartige Datenfelder auftreten. Das externe Datenfeld auf dem Eingabemedium muß eine ganzzahlige Konstante darstellen, Vorzeichen können angegeben werden, auf den Positionen führender Nullen können auch Leerzeichen stehen.

Ist die Anzahl der in der I-Konvertierung angegebenen Ziffern kleiner als die Anzahl der wirklich vorliegenden, so werden die höheren Positionen bei der Ausgabe fortgelassen. So würde z. B. die Ausgabe des Wertes 4712 mit Hilfe der Formatspezifikation I3 bewirken, daß 712 ausgegeben wird. Bei der Eingabe würde das gelesen und übertragen werden, was in den ersten a Spalten steht.

Beispiel: Feld auf der Lochkarte 4712

      Formatspezifikation   I3

      Übertragen wird   471

Das folgende Beispiel soll die Benutzung von formatgebundenen Eingabeanweisungen und Ausgabeanweisungen erläutern.

Beispiel:

Zu einem Record gehören drei (Meß-) Werte X_i, Y_i und Z_i. Für jeden dieser Werte sind zwölf Spalten der Lochkarte vorgesehen. Es ist ein Programm anzufertigen, das für höchstens 100 Datensätze die Mittelwerte m_x, m_y und m_z und die Streuungsquadrate s_x^2, s_y^2 und s_z^2 berechnet und ausgibt (s. a. Übung 2.2. in RA 73).

Lösung (siehe Programmierformular auf Seite 28)

5. Nichtnumerische Konvertierung

5.1. L-Konvertierung

Syntax:

einfache l-konvertierung ::= L *natürliche konstante* [1])
l-konvertierung ::= *einfache l-konvertierung* |
        l-konvertierung mit wiederholung
formatspezifikation ::= *numerische konvertierung* |
         l-konvertierung |
         formatspezifikation, formatspezifikation

[1]) L ist Abkürzung für logical (logisch).

Programm MITTELWERT UND STREUUNG   Programmierformular   FORTRAN

Programmierer

Umfang

Datum

Identification 73 75 80

FORTRAN STATEMENT

```
C  DIESES PROGRAMM BERECHNET MITTELWERT UND STREUUNG VON DREI MESSREIHEN
C  GLEICHER LAENGE, MIT HOECHSTENS 100 MESSWERTEN PRO REIHE.
C  WIR VEREINBAREN ZUERST DIE FELDER UND LESEN DIE RECORDS. DIE ERSTE
C  KARTE ENTHAELT EINE ANGABE UEBER DIE ANZAHL DER RECORDS.
      DIMENSION X(100),Y(100),Z(100)
      READ (1,10)N
      READ (1,11)(X(I),Y(I),Z(I),I=1,N)
   10 FORMAT (I3)
   11 FORMAT (3F12.4)
C  DIE MITTELWERTE MX,MY,MZ WERDEN DURCH EXPLIZITE TYPVEREINBARUNGEN
C  DEKLARIERT
      REAL MX,MY,MZ
C  JETZT BEGINNT DIE BERECHNUNG DER SUMMEN.
      MX=0.
      MY=0.
      MZ=0.
      SX=0.
      SY=0.
      SZ=0.
      DO 100 I=1,N
      MX=MX+X(I)
      MY=MY+Y(I)
      MZ=MZ+Z(I)
      SX=SX+X(I)**2
      SY=SY+Y(I)**2
  100 SZ=SZ+Z(I)**2
C  N WIRD VOR DEM DIVIDIEREN KONVERTIERT.
      AN=N
      MX=MX/AN
      MY=MY/AN
      MZ=MZ/AN
      SX=(SX-MX**2*AN)/(AN-1.)
      SY=(SY-MY**2*AN)/(AN-1.)
      SZ=(SZ-MZ**2*AN)/(AN-1.)
C  ES FOLGT DIE AUSGABE AN DEN DRUCKER.
      WRITE (2,20)MX
      WRITE (2,21)SX
      WRITE (2,22)MY
      WRITE (2,21)SY
      WRITE (2,22)MZ
      WRITE (2,21)SZ
   20 FORMAT (1H1,E16.6)
   21 FORMAT (1H0,E16.6)
   22 FORMAT (1H0,E16.6)
      STOP
      END
```

Beispiele: L 16

                3 L 12

Bezeichnet man die L-Konvertierung symbolisch mit

                w L l ,

so bedeutet das bei Dateneingabe, daß l Zeichen als externe Darstellung eines logischen Wertes aufgefaßt werden sollen, dieser Wert ist einer logischen Variablen zuzuweisen. Die Zeichen auf den l Positionen des Eingabemediums werden als logische Konstante interpretiert. Für die Interpretation dieser Zeichenfolge ist festgelegt, daß das erste Zeichen, das auf wahlweise vorangestellte Leerzeichen folgt, T oder F sein muß, wobei dann T zur Zuweisung des Wertes .TRUE., F zur Zuweisung des Wertes .FALSE. führt. Die auf T bzw. F evtl. noch folgenden Zeichen sind belanglos.

Für die Ausgabe des Wertes einer logischen Variablen mittels einfacher L-Konvertierung gilt, daß l—1 Positionen als Leerzeichen ausgegeben werden, die letzte Stelle als T oder F, je nachdem, welchen aktuellen Wert die ausgegebene logische Variable hat.

Beispiele:

1.   WRITE(2,19)Q

          19 FORMAT(1H*b*,L8)

Ausgegeben wird dann *bbbbbbb*T , falls Q den Wert .TRUE. hatte.

2.   WRITE(21)Q,R,S

          21 FORMAT(1H*b*,3L4)

Wenn Q den Wert .TRUE. hat und R und S den Wert .FALSE. haben, so würde das Objektprogramm bei der Realisierung der Ausgabeanweisung folgendes Druckbild erzeugen:

          *bbb*T*bbb*F*bbb*F

5.2. H-Konvertierung

Syntax:

h-konvertierung ::= *hollerithkonstante* [1])
formatspezifikation ::= *numerische konvertierung* |
                          l-konvertierung |
                          h-konvertierung |
                          formatspezifikation, formatspezifikation

[1]) Der Aufbau von Hollerithkonstanten ist in RA 73, Abschnitte 4.6. und 5.2., beschrieben worden.

Beispiel:

$$3Hb = b$$

$$14H\,\text{Gesamtsumme}b = b$$

Die H-Konvertierung dient im Zusammenhang mit der Eingabeanweisung zur Übertragung von beliebigen Basissymbolen vom Eingabemedium (Lochkarte) in den Speicher und im Zusammenhang mit Ausgabeanweisungen zum Übertragen von beliebigen Basissymbolen auf das Ausgabemedium (etwa zum Drucker). (Auf die Bedeutung bei der Papiervorschubsteuerung ist im Abschn. 3.2. eingegangen worden.)

Wirkung der H-Konvertierung bei der Eingabe:

Betrachten wir zur Erläuterung ein Beispiel.

Durch die Anweisungen

```
READ(1,7)
7 FORMAT(14HGESAMTSUMMEb=b)
```

werden die Spalten 1 bis 14 des nächsten auf Lochkarte gespeicherten Records gelesen und in die Formatspezifikation transportiert. Dabei wird GESAMTSUMME$b=b$ überschrieben, d. h., es wird die gespeicherte Formatanweisung abgeändert.

Wirkung der H-Konvertierung bei der Ausgabe:

Durch die Anweisungen

```
WRITE(2,9)
9 FORMAT(1Hb,14HGESAMTSUMMEb=b)
```

wird die in der H-Konvertierung angegebene Zeichenfolge über den Drucker ausgegeben.

Würde die Ausgabe mittels WRITE(2,7) erfolgen, nachdem die Hollerithkonstante durch eine Eingabeanweisung geändert worden ist (wie oben angegeben), so würden die eingelesenen Basissymbole an der Stelle von GESAMTSUMME$b=b$ ausgegeben werden. Man beachte, daß bei Verwendung der H-Konvertierung zu dieser Formatspezifikation kein Element der Eingabeliste bzw. Ausgabeliste gehört.

Durch die Anweisungen

```
WRITE(2,11)X
11 FORMAT(1Hb,14HGESAMTSUMMEb=b,2PF15.2,2HbM)
```

wird der Wert von X in ein Ausgabeschema eingeordnet.

Angenommen, die untere Darstellung von X entspricht dem Wert
$0.267936 \cdot 10^6$, so erhält man folgendes Druckbild:

GESAMTSUMMEb=$bbbbbbbb$2679.36bM

Sollen zwischen dem Druckbild der Werte zweier Variablen X und Y
beispielsweise sechs Leerzeichen stehen, so könnte eine entsprechende
formatgebundene Ausgabeanweisung heißen:

WRITE(2,177)X,Y

177 FORMAT(1Hb,E14.6,6H$bbbbbb$,E14.6)

Das Erzeugen von Feldern aus Leerzeichen ist jedoch für Eingabe und
Ausgabe von Daten so typisch, daß dafür in FORTRAN eine besondere
Formatspezifikation aufgenommen worden ist.

5.3. X-Konvertierung

Syntax:

x-konvertierung ::= *natürliche konstante* X

Beispiele:

6X

1H0,12X,6HBRUTTO,3X,F14.2,3X,1HM

3(F12.4,4X)

Im letzten Beispiel sind zwei Formatspezifikationen zu einer Formatspezifikation zusammengefaßt worden. Der Wiederholungsfaktor 3 gilt
dann für alle in der Klammer aufgeführten Formatspezifikationen. Wird
eine X-Konvertierung im Zusammenhang mit einer formatgebundenen
Eingabeanweisung verwendet, so bedeutet das, daß im eingelesenen Record
so viele Zeichen übersprungen werden, wie die natürliche Konstante
angibt.

Sind z. B. die Werte 0,263958 und 0,715329 unter den Namen X und Y
gespeichert, so würde die Ausgabeanweisung

WRITE(2,1)X,Y

1 FORMAT(1Hb,2F8.6)

zur Ausgabe von

0.2639580.715329

führen.

Die Formatanweisung 1 FORMAT(1Hb,F8.6,5X,F8.6) anstelle der ange-
gebenen würde im Druckbild die Zahlen durch fünf Leerzeichen trennen.
Zur Erläuterung der H-Konvertierung sollen die Ausgabeanweisungen der
Übung aus Abschn. 4.2. hier in geänderter Form angegeben werden.

```
C ES WERDEN ZUERST UEBERSCHRIFTEN GEDRUCKT.
      WRITE (2,23)
      WRITE (2,24)
C MITTELWERT UND STREUUNGSQUADRAT WERDEN IN EINER ZEILE GEDRUCKT.
      WRITE (2,25)MX,SX
      WRITE (2,26)MY,SY
      WRITE (2,26)MZ,SZ
   23 FORMAT (47HbMITTELWERTEbUNDbSTREUUNGENbVONbDREIbMESSREIHEN)
   24 FORMAT (12H1MITTELWERTE,10X,10HSTREUUNGEN)
   25 FORMAT (1H0,E12.4,3X,E12.4)
   26 FORMAT (1Hb,E12.4,3X,E12.4)
```

Bei der Ausgabe von Daten mit Hilfe von Formatanweisungen gilt, daß
das erste Zeichen des Records nicht gedruckt, sondern zur Steuerung des
Papiervorschubs verwendet wird. Deshalb ist in den Formatanweisungen
23 und 24 das erste Zeichen b bzw. 1.

Übungen

Ü. 5.3.1. Folgende Speicherbelegung ist gegeben:

Name	Interne Darstellung entspricht	Typ
A	$0{,}2349 \cdot 10^2$	reell
B	$-0{,}28793 \cdot 10^2$	reell
D	$0{,}119193612718 \cdot 10^1$	doppelte Genauigkeit
C	$-0{,}69 + 1{,}855i$	komplex
M	12	ganzzahlig

Was wird durch folgende Ausgabeanweisung erzeugt?

```
      WRITE (2,601)A,B,D,C,M
  601 FORMAT (7HbSUMMEN,4X,F5.2,3X,E12.5,3X,D18.12,3X,2G5.2,3Hb/b,5X,I4)


      WRITE (2,602)M,A,B
  602 FORMAT(3X,I4,3X,6HWURZEL,2X,F6.3,3X,7HEFKTWERT,2X,F8.3)
```

Ü. 5.3.2. Auf einer Lochkarte liegt folgender Record im Eingabegerät vor:

bb—17b—36.137—82.6110bbbT93.2BETRAG—bbb38.2Eb03b...b

Welche Wertzuweisung erfolgt durch

    READ(1,53)M,R2,R3,Q,Z

    53 FORMAT(I5,3F8.3,L8,6X,E12.3)

Ü. 5.3.3. Man fertige ein Programm an zur Berechnung der Nullstellen von n Polynomen zweiten Grades (n $\leq$ 50) der Form $Ax^2 + Bx + C$.
Die Koeffizienten sollen dabei gelesen, die Ergebnisse übersichtlich gedruckt werden.

5.4. A-Konvertierung

Die Eingabe und Ausgabe beliebiger Basissymbole kann nicht nur mit Hilfe der H-Konvertierung vorgenommen werden. In FORTRAN ist zum Übertragen beliebiger Zeichen eine weitere Formatspezifikation aufgenommen worden, die A-Konvertierung [1]).

Syntax:

> *a-konvertierung* ::= A *natürliche konstante* |
>   *a-konvertierung mit wiederholung*
>
> *nichtnumerische konvertierung* ::= *l-konvertierung* |
>   *h-konvertierung* |
>   *x-konvertierung* |
>   *a-konvertierung*
>
> *formatspezifikation* ::= *numerische konvertierung* |
>   *nichtnumerische konvertierung* |
>   *formatspezifikation, formatspezifikation*

Beispiele: A16

            6A8

Wirkung bei der Eingabe:

Im Gegensatz zur H-Konvertierung wird die übertragene Zeichenfolge einem Namen, der in der Eingabeliste der A-Konvertierung zugeordnet ist, als „Wert" zugewiesen. Die Anzahl der Zeichen ist durch die natürliche Konstante gegeben.

Wenn also in die Spalten 9 bis 24 einer Lochkarte die Zeichenfolge

    *bb*GESAMTSUMME*b* $=$ *b*

eingestanzt ist und diese Information als nächster Record eingelesen werden kann, so würde durch

    READ(1,18)AWORT

    18 FORMAT(8X,A16)

diese Zeichenfolge in den Speicher übertragen und unter der symbolischen Adresse AWORT gespeichert werden.

[1]) A ist Abkürzung für alphanumeric (alphanumerisch).

Das Maximum der Anzahl der Zeichen, die unter einem Namen gespeichert werden können, ergibt sich aus den speziellen Möglichkeiten einer
jeden Anlage. Es hängt von zwei Faktoren ab, nämlich erstens davon, von
welchem Typ die Variablen sind, denen die Zeichenfolgen als „Werte"
zugewiesen werden, und zweitens davon, wieviel Speicherplätze der spezielle FORTRAN-Compiler zur internen Darstellung der Variablen reserviert. Wird die A-Konvertierung symbolisch als Al geschrieben, so ist das
Maximum von l bei den Anlagen IBM 360 und CDC 3200 4 oder 8, je
nachdem, ob die Variable als ganzzahlig oder als reell deklariert worden ist.
Für die Analgen IBM 1401, 1410, 1440 und 1460 ist das Maximum
variabel. Wenn l kleiner ist als das zulässige Myximum, werden die l Zeichen linksbündig gespeichert, der freie Speicherplatz wird mit Leerzeichen
aufgefüllt. Ist l größer als das zulässige Maximum, so gehen die höheren
Positionen verloren.

Wirkung bei der Ausgabe:

Bei der Ausgabe über den Drucker wird die unter dem angegebenen Namen
gespeicherte Zeichenfolge ausgegeben. Zu jeder A-Konvertierung in der
Formatanweisung gehört also (mindestens) ein Element in der Ausgabeliste.

Beispiel:

Hat X den aktuellen Wert 267936.0, so wird auf Grund von

$$\text{WRITE(2,19)AWORT,X}$$
$$19 \text{ FORMAT(A16,—2PF15.2)}$$

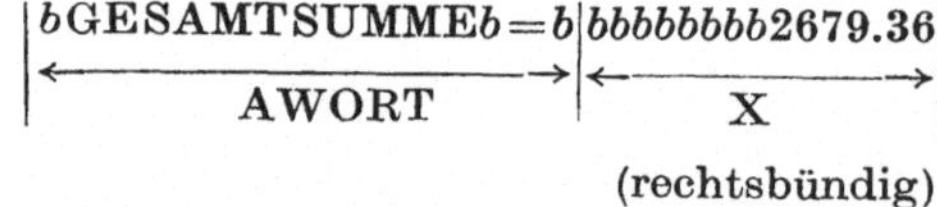

(rechtsbündig)

ausgegeben. Das erste Leerzeichen von **AWORT** würde als Papiervorschub
aufgefaßt werden.

Das Beispiel soll noch etwas erweitert werden:

Unter dem Namen WARKZ sollen Warenkennzeichen gespeichert werden,
wobei jedes dieser Kennzeichen die Gestalt

$$\text{ZZZ/ddd—dd/dZ}bbb$$

habe (jedes Z bedeute hierbei eine Ziffer, jedes d einen Buchstaben).
Ein Warenkennzeichen entspreche einem Record. 100 solcher Records
könnten eingelesen werden durch

$$\text{DIMENSION WARKZ(100)}$$
$$\text{READ(1,16)WARKZ}$$
$$16 \text{ FORMAT(A16).}$$

Durch die Anweisungsfolge

```
      DO 26 K=1,100
      WRITE(1,17)WARKZ(K),AWORT,X(I)
   17 FORMAT(1Hb,2A16,—2PF15.2)
   26 CONTINUE
```

wird eine Tabelle gedruckt, die in einer Zeile das Warenkennzeichen, die
Zeichenfolge bbGESAMTSUMME$b=b$ und einen Wert (etwa den Preis)
nach der f-Konvertierung aufweist.

6.   Variable Formatspezifikationen

Beim Programmieren ist man bestrebt, Programme so herzustellen, daß
sie für verschiedene Anwendungsgebiete des programmierten Verfahrens
eingesetzt werden können. Hält man sich etwa ein Programm zur Berechnung statistischer Maßzahlen vor. Augen, so könnte dieses Programm
sicher für statistische Analysen in der Produktion, in der Medizin, der
Landwirtschaft, der Geologie, der Ökonomie und anderen Gebieten, au
denen mit statistischen Methoden gearbeitet wird, verwendet werden.
Im allgemeinen werden aber unterschiedliche Druckbilder gewünscht, die
von der Beschaffenheit der verarbeiteten Daten abhängen.
Entsprechendes gilt auch für die Eingabe von Daten, die von Fall zu Fall
verschieden aufbereitet sein können. Dann wäre ein universelles Programm
aber nicht zu erreichen, wenn die Formatanweisungen unveränderlich sind.
In FORTRAN wurden deshalb Möglichkeiten geschaffen, Formatspezifi-
kationen in Feldern zu speichern und dann zur Konvertierung bei der
Eingabe bzw. bei der Ausgabe diese Formatspezifikationen heranzuziehen.
Formal erscheint dann bei den Eingabeanweisungen bzw. Ausgabeanwei-
sungen statt der Marke der Formatanweisung der Name des Feldes zur
Kennzeichnung der Formatspezifikation.
Der Sachverhalt soll an einem Beispiel erläutert werden.
Ein Programm enthält folgende Anweisungen

```
      WRITE(2,93)X(I),Y(I),Z(I)
   93 FORMAT(F15.4,2E14.4)
```

Es würde beim Druck X(I) nach der F-Konvertierung transferiert erscheinen, Y(I) und Z(I) nach der E-Konvertierung.
Sollen bei sonst gleichem Programm die ersten beiden Elemente der Ausgabeliste nach der E-Konvertierung, das letzte nach der F-Konvertierung
gedruckt werden, so wäre eine andere Formatspezifikation erforderlich,
etwa

```
      2E14.4,F15.4,
```

d. h., daß in dem Programm die Formatanweisung durch eine andere
ersetzt werden müßte.

Das läßt sich nun vermeiden, indem die Formatspezifikation einschließlich
der einschließenden Klammern in einem Feld gespeichert wird. Das Feld
sei als reell mittels

DIMENSION FORMV(4)

deklariert. Wir wollen außerdem annehmen, daß jedes Feldelement vier
Zeichen aufnehmen kann.[1]) Als einzugebender Record liege die Zeichenfolge

(2E14.4,F15.4)

vor. Durch

READ(1,13)FORMV(I)

13 FORMAT(4A4)

würde das Feld wie folgt belegt:

FORMV(1)   (2E1
FORMV(2)   4.4,
FORMV(3)   F15.
FORMV(4)   4)*bb*

Diese so gespeicherte Formatspezifikation ließe sich jetzt in der Ausgabeanweisung durch Angabe des Feldnamens auf der Position der Formatmarke verwenden:

WRITE(2,FORMV)X(I),Y(I),Z(I)

Man beachte noch, daß in dem Feld nicht H-Konvertierungen gespeichert
werden dürfen. (Wie im Abschn. 5.2. gezeigt wurde, können H-Konvertierungen in Formatspezifikationen durch Einlesen unmittelbar geändert
werden. Dem Leser wird empfohlen, sich ein entsprechendes Beispiel für
die Eingabe zu konstruieren.)
Die Definitionen aus den Abschnitten 2.1. und 3.1. wären jetzt folgendermaßen zu erweitern:

formatmarke ::= marke | feldname

7. Allgemeine Form der Formatspezifikationen

7.1. Verkürzung von Formatspezifikationen

Wenn sich in einer Formatanweisung Konvertierungsangaben periodisch
wiederholen, dann läßt sich die Aufzählung durch das Setzen von Klammern um eine Periode und Angabe einer Wiederholungskonstanten ersetzen.

[1]) Das hängt in jedem konkreten Fall von der maschineninternen Realisierung ab.

Wenn die Periode nur eine Konvertierungsangabe umfaßt, so kann die Klammer entfallen, jedoch ist in Zusammenhang mit der H-Konvertierung die Angabe einer Wiederholungskonstanten nur gestattet, wenn die H-Konvertierung in Klammern gesetzt wurde.

Beispiele:

Formatspezifikation	Verkürzte Form
I6,I6,I6,F12.4,F12.4	3I6,2F12.4
F10.2,4X,F10.2,4X	2(F10.2,4X)
I3,E14.2,2X,G8.3,2X,G8.3	I3,E14.2,2(2X,G8.3)
9HKOEFFbbbb,9HKOEFF*bbbb*	2(9HKOEFF*bbbb*)

7.2. Beziehung zwischen der Eingabe-Ausgabe-Liste und der Formatanweisung

Wenn eine formatgebundene Eingabeanweisung oder Ausgabeanweisung realisiert wird, so setzt die Formatsteuerung ein. Jedem Element der Eingabeliste bzw. Ausgabeliste wird dabei eine Konvertierungsvorschrift zugeordnet. Dabei wird sowohl in der Eingabe-Ausgabe-Liste als auch in der Formatspezifikation von links nach rechts vorgegangen, wobei in der Formatspezifikation Wiederholungskonstanten entsprechend berücksichtigt werden.

Ist die Formatspezifikation erschöpft und werden in der Eingabe-Ausgabe-Liste noch weitere Elemente angefordert, so kehrt die Formatsteuerung an den Anfang der Formatspezifikation zurück (s. a. unten).

Das Eröffnen der Formatsteuerung erfolgt durch eine öffnende Klammer. Eine in Klammern gesetzte Formatspezifikation ist wieder eine Formatspezifikation. Dadurch ist es möglich, Formatspezifikationen zu verschachteln.

Das Verschachteln ist jedoch nicht beliebig oft möglich, sondern nur bis zur zweiten Stufe. Das soll bedeuten, daß nur bis zu einer dritten öffnenden Klammer gegangen werden darf.

Betrachten wir eine symbolisch geschriebene Formatanweisung:

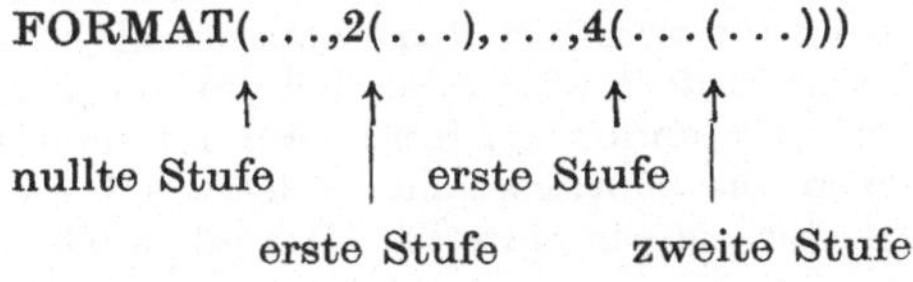

Wird eine so verschachtelte Formatspezifikation wiederholt, weil die Eingabe-Ausgabe-Liste noch nicht erschöpft ist, so kehrt die Formatsteuerung zu der öffnenden Klammer erster Stufe zurück, die am weitesten rechts steht. (Oben wurde schon gesagt, daß in dem Fall, daß eine solche öffnende Klammer nicht vorhanden ist, Rückkehr zur öffnenden Klammer nullter Stufe erfolgt.)

Wir wollen als Beispiel

FORMAT(F12.4,I9,E16.4)

betrachten. Würde diese Formatanweisung zusammen mit einer Eingabeanweisung benutzt werden, so würden die angeforderten Daten nach den
numerischen Konvertierungen behandelt und den Elementen der Eingabeliste zugewiesen werden. Enthält die Eingabeliste mehr als drei Elemente,
so springt die Formatsteuerung beim vierten Element wieder an den Anfang
(d. h. zu F12.4) zurück.

Ändern wir das Beispiel in FORMAT(F12.4,I9,(E16.4)) ab. Hier wird
durch die zweite öffnende Klammer die Formatsteuerung neu eröffnet.
Benutzt man diese Formatanweisung zusammen mit einer Eingabeanweisung, so erfolgt die Konvertierung der eingelesenen Daten für die ersten
drei Elemente der Eingabeliste. Wird in der Eingabeliste jedoch ein viertes
Element angefordert, so springt die Formatsteuerung an den Anfang der
zuletzt eröffneten Formatsteuerung zurück. In unserem Beispiel würde
also jetzt das vierte Element nach der E-Konvertierung E16.4 behandelt.
Wenn die Formatsteuerung die letzte schließende Klammer erreicht, wird
getestet, ob die Eingabe-Ausgabe-Liste weitere Elemente enthält. Ist
diese Liste erschöpft, so wird die Formatsteuerung beendet; ist jedoch in
der Liste ein weiteres Element angegeben, so fordert die Formatsteuerung
den nächsten Record an. Die Formatsteuerung wird dabei zurückgesetzt
zu dem Anfang der Gruppe von Formatspezifikationen, die durch die
letzte schließende Klammer begrenzt werden. Wenn eine letzte schließende
Klammer (außer den stets die Formatspezifikationen in einer Formatanweisung einschließenden Klammern) nicht existiert, wird die Formatsteuerung zur ersten öffnenden zurückgesetzt.

7.3. Trennzeichen in der Formatspezifikation

Wir haben bisher als einziges Trennzeichen von Formatspezifikationen
das Komma benutzt. Es trennte Konvertierungsvorschriften (numerische
oder nichtnumerische), die festlegten, wie die Teile des einzulesenden oder
auszugebenden Records transferiert werden sollten.

Neben dem Komma kann als Trennzeichen der Schrägstrich (/) benutzt
werden. Die Formatsteuerung interpretiert den Schrägstrich so, daß entweder der nächste Record angefordert wird oder daß die Übertragung von
Daten aus dem letzten Record beendet ist. Sind während einer Eingabeanweisung bei dem Erreichen des Schrägstrichs im letzten Record nicht-
verarbeitete Zeichen, so werden sie übergangen. (Das gilt auch, wenn die
Formatsteuerung beendet ist.)

Folgen mehrere Schrägstriche aufeinander, so bedeutet das bei der Eingabe, daß Records übergangen werden sollen, bei der Ausgabe, daß leere
Records ausgegeben werden sollen. Wird eine Ausgabeanweisung zusammen mit

FORMAT(//9HRESULTATE///)

verwendet, so liefert die Ausgabe:

> leerer Record
> leerer Record
> **RESULTATE**
> leerer Record
> leerer Record
> leerer Record

Wenn über den Schnelldrucker ausgegeben werden soll, müßte noch eine Information über den Papiervorschub hinzugefügt werden.

7.4. Syntax der Formatanweisung

Die Formatanweisung sei symbolisch geschrieben als

$$\boxed{m\ \text{FORMAT}(s_1 k_1 t_1 k_2 t_2 \ldots k_n t_n s_2).}$$

Hierin bedeuten s_1 und s_2 Folgen von Schrägstrichen, jedoch können s_1 oder s_2 oder beide fehlen. Die k_i sind numerische oder nichtnumerische Konvertierungen oder durch Klammern zusammengefaßte Gruppen von Konvertierungen (weitere Formatspezifikationen). Die t_i sind Formatspezifikationstrennzeichen, d. h. Kommata oder Folgen von Schrägstrichen. m ist eine Marke.

Syntax:

formatanweisung ::= *marke* FORMAT(*formatspezifikation*)

marke ::= *natürliche konstante* {maximal 5 Ziffern}

ormatspezifikation ::= *recordendefolge* / | *numerische konvertierung* |
        nichtnumerische konvertierung |
        (*formatspezifikation*) |

formatspezifikation ∪ *formatspezifikationstrennzeichen* ∪
            formatspezifikation |

recordendefolge ∪ *formatspezifikation* ∪ *recordendefolge* |

wiederholungskonstante (*formatspezifikation*)

formatspezifikationstrennzeichen ::= , | *recordendefolge* /

recordendefolge ::= / | | *recordendefolge* /

Die letzte Zeile ist so zu verstehen, daß auch Recordendefolgen der Art //, /// in einer Formatspezifikation auftreten können und daß zwischen zwei Schrägstrichen ein Leerzeichen nicht stehen muß.

8. Unterprogrammtechnik

8.1. Aufgabe der Unterprogrammtechnik

Bei der Behandlung der Standardfunktionen war schon gesagt worden,
daß durch die Aufnahme solcher Funktionen in eine problemorientierte
Programmiersprache vermieden werden soll, die Algorithmen zur Berechnung immer wiederkehrender Routineprogramme stets neu aufzuschreiben.

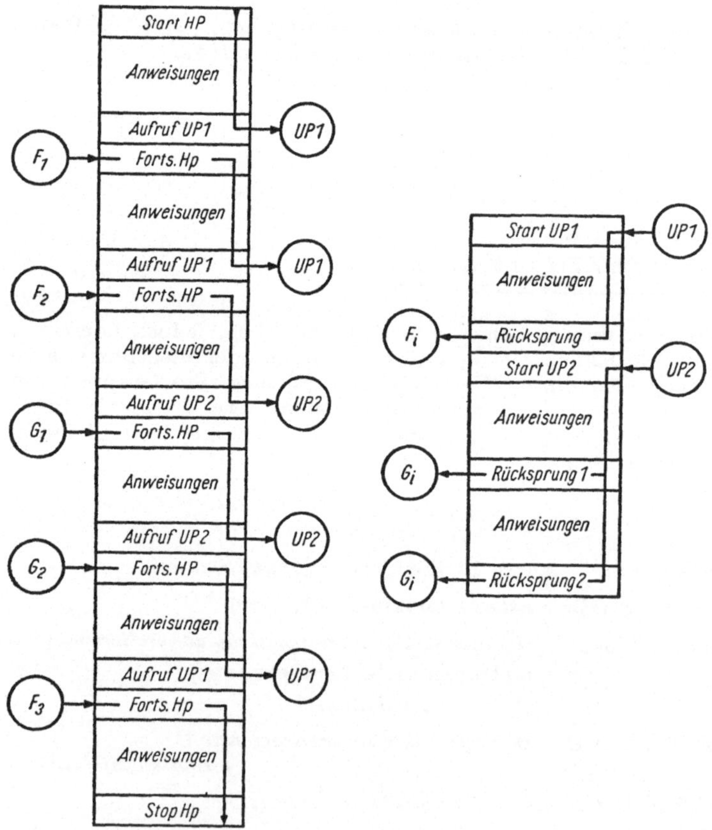

Bild 2. Hauptprogramm und Unterprogramme

Die wiederholte Aufnahme gleicher Anweisungsfolgen in ein Programm
führt bei der Übersetzung in ein Maschinenprogramm dazu, daß für die
Speicherung völlig gleicher Befehlsfolgen mehrmals Speicherbereiche
blockiert werden, der vorhandene Speicherplatz also nicht rationell ge-
nutzt wird.

Sinnvoller ist es, solche Anweisungsfolgen, die wiederholt auftreten, als
selbständiges Programm zu speichern und das Programm, das diese Anweisungsfolgen wiederholt benötigt, so zu organisieren, daß es nach Be-
darf den selbständig gemachten Programmteil nutzen kann. Die Fragen,
die beim Aufbau solcher selbständigen Programmteile und ihrem Einsatz
im Zusammenhang mit einem sie aufrufenden Programmteil auftreten,
sind Gegenstand der Unterprogrammtechnik.

Das Bild 2 zeigt, wie man sich den Ablauf eines Programms, das selbständig gemachte Programmteile verwendet — im weiteren kurz Unterprogramme genannt — vorstellen kann.

Das aufrufende Programm, Hauptprogramm, und die Unterprogramme
(im Bild UP1 und UP2) sind im Speicher untergebracht. Das Hauptprogramm wird vom Start aus abgearbeitet bis zu der Stelle, wo es eines
der Unterprogramme benötigt. Dort wird das Unterprogramm angesteuert,
es wird aufgerufen. Nachdem die Anweisungsfolgen des Unterprogramms
realisiert sind, führt die Programmsteuerung wieder ins Hauptprogramm
zurück. Im Bild wird UP1 dreimal aufgerufen, UP2 zweimal.

Was das Bild im wesentlichen zeigen soll, ist, daß die Unterprogramme
von beliebigen Programmstellen aus angesprungen werden können und
daß nach der Realisierung des Unterprogramms ein Rücksprung in das
aufrufende Programm erfolgt. Besteht das gesamte Programm aus mehreren Teilen (Segmenten), so müssen die Unterprogramme selbstverständlich in den Segmenten zu erreichen sein, in denen sie benötigt werden.

8.2. Parametervermittlung

Beim Aufruf eines Unterprogramms müssen (im allgemeinen) Daten übergeben werden, mit denen das Unterprogramm arbeitet, um Zwischen-
ergebnisse für das Hauptprogramm bereitzustellen.[1]) Diese Daten heißen
aktuelle Parameter. Wie — d. h. in welcher Reihenfolge — diese aktuellen
Parameter zu übergeben sind, wird vom Unterprogramm bestimmt.
Ebenso wird vom Unterprogramm bestimmt, von welcher Beschaffenheit
die Parameter sind (etwa von welchem Typ, ob Namen von Variablen
zu übergeben sind oder arithmetische oder logische Ausdrücke, deren
aktuelle Werte das Unterprogramm verwenden soll u. ä.).

Beim Start des Unterprogramms muß festgelegt sein, wo die Rechnung
im Hauptprogramm weiterzuführen ist, denn das Unterprogramm soll
ja von einer beliebigen Stelle des Hauptprogramms aufgerufen werden
können.

Es müssen ferner beim Aufruf des Unterprogramms die Bedingungen für
die Übergabe der Resultate an das Hauptprogramm festliegen.

In FORTRAN gibt es zwei wesentlich verschiedene Arten von Unterprogrammen, nämlich solche, in denen Berechnungen durchgeführt, und
solche, in denen globalen Variablen Anfangswerte zugewiesen werden.

Die letzte Form von Unterprogrammen wird im Abschn. 13. dargestellt.
Die erste Form von Unterprogrammen, in denen also Rechnungen ausge-

---

[1]) Es werden nicht immer Werte für die Fortsetzung des Hauptprogramms ermittelt. Auf solche
Unterprogramme, die nicht Werte an das Hauptprogramm vermitteln, wird im Abschn. 12.
eingegangen.

führt oder Algorithmen abgearbeitet werden, sind Prozedurunterprogramme.

Sie sind wiederum unterteilt in Subroutineunterprogramme und Funktionsunterprogramme. Zunächst soll der Aufbau von Funktionsunterprogrammen besprochen werden.

9. Interne Funktionen und externe Grundfunktionen

Man unterscheidet in FORTRAN vier Arten von Funktionen:

    a) interne Funktionen
    b) externe Grundfunktionen
    c) Anweisungsfunktionen
    d) externe Funktionen

Die ersten beiden dieser Art sind in RA 73, Abschn. 9., dargestellt worden, allerdings zusammengefaßt unter dem Namen Standardfunktionen. Diese Standardfunktionen sind durch die dort angegebenen Tabellen erklärt, sie können in arithmetischen oder logischen Ausdrücken wie Elementarausdrücke verwendet werden.

Um jedoch die Verwendung der Standardfunktionen im Zusammenhang mit Unterprogrammen (Funktionsunterprogrammen und Subroutineunterprogrammen) darstellen zu können, ist eine Einteilung der Standardfunktionen in die genannten zwei Gruppen erforderlich.

Syntax:

name interner funktion ::= ABS | IABS | DABS | AINT | INT |
IDINT | AMOD | MOD | AMAX0 |
AMAX1 | MAX0 | MAX1 | DMAX1 |
AMIN0 | AMIN1 | MIN0 | MIN1 | DMIN1 |
FLOAT | IFIX | SIGN | ISIGN | DSIGN |
DIM | IDIM | SNGL | REAL | AIMAG |
DBLE | CMPLX | CONJG

bezeichner interner funktion ::= *name interner funktion* U
aktueller parameterteil

aktueller parameterteil ::= (*aktuelle parameterliste*)

aktuelle parameterliste ::= *aktueller parameter* |
aktuelle parameterliste, aktueller parameter

aktueller parameter ::= *arithmetischer ausdruck*
{s. Abschn. 7. und 10. in RA 73}

Der aktuelle Parameterteil ist bei diesen Funktionen nicht frei aufzubauen, sondern so zu handhaben, wie es in RA 73, Abschn. 9., angegeben wurde. Die Namen der internen Funktionen haben dann für jede Anlage, die das FORTRAN-Programm realisiert, die Bedeutung, die in RA 73 beschrieben worden ist (s. a. Zusammenfassung im Abschn. 15.).

Der Aufruf dieser Funktionen erfolgt durch Angabe des Bezeichners der internen Funktion in einem arithmetischen oder logischen Ausdruck. Der Bezeichner der internen Funktion wird dabei wie ein Elementarausdruck behandelt.

Beispiele:

$$(ABS(A)—DABS(B))/AMIN1(C+D,E**2—1.)$$

$$J—MIN0(K1,K(I)) \ .LE. \ K2$$

Weitere Beispiele befinden sich in den folgenden Abschnitten und auch in RA 73.

Man beachte: Die internen Funktionen AMOD, MOD, SIGN, ISIGN, DSIGN sind nicht definiert, wenn der Wert des zweiten Parameters Null ist.

Die zweite Gruppe der Standardfunktionen heißt externe Grundfunktionen.

Syntax:

name externer grundfunktion ::= EXP | DEXP | CEXP |

ALOG | DLOG | CLOG |

ALOG10 | DLOG10 |

SIN | DSIN | CSIN |

COS | DCOS | CCOS |

TANH |

SQRT | DSQRT | CSQRT |

ATAN | DATAN | ATAN2 | DATAN2 |

DMOD | CABS

bezeichner externer grundfunktionen ::=

name externer grundfunktionen ∪ *aktueller parameterteil*

Auch bei den externen Grundfunktionen ist der aktuelle Parameterteil fixiert (s. a. RA 73, Abschn. 9.). In bezug auf ihre Anwendung gibt es jedoch Unterschiede gegenüber den internen Funktionen. Auf diese Unterschiede wird bei der Behandlung der Subroutineunterprogramme (Abschnitt 12.) eingegangen.

10. Anweisungsfunktionen

10.1. Definieren von Anweisungsfunktionen

Im allgemeinen besteht ein FORTRAN-Programm aus mehreren selbständig zu compilierenden Teilen, diese Teile heißen Programmteile oder oder Programmsegmente. Wie Programmsegmente im einzelnen aufzubauen sind, wird im Anschn. 14. dargestellt.

Die einfachste Form vereinbarter Funktionen sind Anweisungsfunktionen. Eine Anweisungsfunktion ist innerhalb des Programmteils zu definieren, in dem sie auch aufgerufen wird.

Das Definieren der Anweisungsfunktion geschieht in einer Funktionsanweisung. Eine Funktionsanweisung läßt sich symbolisch schreiben in folgender Form:

$$\boxed{f(x_1, x_2, \ldots, x_n) = e}$$

Hierin bedeutet f den Namen der Funktion, das ist ein Name, der nach den üblichen Regeln gebildet ist; x_1 bis x_n sind formale Parameter; e ist ein Ausdruck.

Die formalen Parameter x_i sind Variablennamen, sie dienen zur Festlegung des Typs, der Anordnung und der Anzahl der Parameter, die beim Aufruf dieser Anweisungsfunktion vom aufrufenden Programm zu übergeben sind. Diese Namen müssen sich nicht von den anderen im Programm verwendeten Namen unterscheiden.

Beispiele:

1.   POLY(X) = (((A∗X+B)∗X+C)∗X+D)∗X+E

X ist formaler Parameter, A, B, C, D und E sind Variablen, die in demselben Programmsegment erklärt und denen vor dem Aufruf der Funktion POLY Werte zugewiesen sein müssen.

2.   TEST(X,Y) = X∗∗2+Y∗∗2 .LT. 1. .AND. X .GT. Y

Außer den formalen Parametern treten hier in dem logischen Ausdruck nur Konstanten auf. TEST muß vom Typ LOGICAL sein.

3.   F(A,B,C) = —2.7∗C+ABS(A)∗SIN(B)∗Y1

In diesem Beispiel treten in dem arithmetischen Ausdruck neben Konstanten und Variablen auch intere Funktionen und externe Grundfunktionen auf.

Allgemein gilt, daß außer den formalen Parametern in dem Ausdruck auftreten können

a) Konstanten, mit Ausnahme von Hollerithkonstanten

b) nichtindizierte Variablen

c) Bezeichner interner Funktionen

d) Bezeichner externer Grundfunktionen (und externer Funktionen, s. Abschn. 11.)

e) Bezeichner von Anweisungsfunktionen, die an früherer Programmstelle definiert wurden (s. Abschn. 10.2.).

Syntax:

funktionsdefinition ::=
    funktionsname U *formaler parameterteil* = *ausdruck*

funktionsname ::= *name*

formaler parameterteil ::= (*formale parameterliste*)

formale parameterliste ::= *formaler parameter* |
    formale parameterliste, formaler parameter

formaler parameter ::= *variablenname*

ausdruck ::= *arithmetischer ausdruck* | *logischer ausdruck*

    {mit den Einschränkungen, die unter Punkt a bis e gemacht wurden}

10.2. Aufruf von Anweisungsfunktionen

Eine Anweisungsfunktion kann in dem Programmteil, in dem sie definiert wurde, analog zu den internen Funktionen und den externen Grundfunktionen aufgerufen werden.

Bei diesem Aufruf werden die formalen Parameter durch aktuelle Parameter ersetzt. Die Liste der formalen Parameter muß dabei mit der Liste der aktuellen Parameter in dem Sinn übereinstimmen, daß die formalen Parameter in Anzahl, Reihenfolge und Typ den aktuellen Parametern entsprechen. Auf den Positionen der aktuellen Parameter können beliebige Ausdrücke stehen, wenn der Typ dieser Ausdrücke dem Typ der korrespondierenden formalen Parameter entspricht.

Betrachten wir dazu folgende Programmzeilen:

```
     1    5 6 7   10      15      20      25      30      35      40      45
C          PROGRAMMAUSZUG
C    ES   WIRD EINE FUNKTION ZUR BERECHNUNG DES
C    VOLUMENS EINES KUGELABSCHNITTES DEFINIERT.
           :
           DATA PI /3.14159265/
           :
           VOLKUG(H,R)=PI*H**2*(3.*R-H)/3.0
           :
C    NUN  SOLL DIESE FUNKTION AUFGERUFEN WERDEN.
           DICHTE=MASSE/VOLKUG(HMAX-HMIN1,RHO*0.1)
           Z=VOLKUG(HMAX,R)-VOLKUG(HMIN1,RHO(K))
           :
```

Die Anweisungsfunktion VOLKUG wird also definiert mit den formalen
Parametern H und R. Beim Aufruf wird H ersetzt durch den aktuellen
Wert von HMAX-HMIN1 und R durch den aktuellen Wert von 0,1*RH0.
Beim zweiten und dritten Aufruf liegen entsprechende Ersetzungen vor.
Der Wert der Funktion wird gemäß der Definition der Anweisungsfunktion
jedesmal unter Verwendung der Werte der aktuellen Parameter berechnet.

Syntax:

anweisungsfunktionsbezeichnung ::=

    funktionsname U *aktueller parameterteil*

funktionsbezeichner ::= *bezeichner interner funktionen* |

        bezeichner externer grundfunktionen |

        anweisungsfunktionsbezeichner [1])

Ein etwas umfangreicheres Beispiel möge diesen Abschnitt beenden. Zuerst
sei eine Anweisungsfunktion definiert:

$$ZAS(A,B) = B**3 — SQRT(A)*.5$$

In der Definition einer zweiten Anweisungsfunktion wird von dieser Funktion Gebrauch gemacht:

$$YAK(Z,B) = 1./Z—ZAS(Z,6.)$$

Das würde beim Aufruf der Anweisungsfunktion YAK dazu führen, daß
dem Namen YAK der Wert

$$1./Z—(6.**3 — SQRT(Z)*.5)$$

zugewiesen würde.

Diese Verschachtelung von Anweisungsfunktionen läßt sich fortsetzen:

$$X(A,B,C) = YAK(A,B) —YAK(B+C,C)$$

Das entspräche

also

$$X(A,B,C)=1./A+ZAS(A,6.)—1./(B+C)+ZAS(B+C,6.),$$

$$X(A,B,C)=1./A+6.**3—SQRT(A)*.5—$$

$$1./(B+C)+6.**3—SQRT(B+C)*.5$$

(Bei der Realisierung des Programms erfolgt eine wertmäßige Ersetzung
der Anweisungsfunktionen.)

[1]) Wird im Abschn. 11. ergänzt.

11. Funktionsunterprogramme

11.1. Definition von Funktionsprogrammen

Wir haben eben gesehen, daß man mit Hilfe von Anweisungsfunktionen solche Unterprogramme in ein Programmsegment aufnehmen kann, bei denen zur Ermittlung des Funktionswerts die Berechnung genau eines arithmetischen oder logischen Ausdrucks erforderlich ist. Diese Anweisungsfunktionen mußten in dem Programmsegment definiert sein, in dem sie aufgerufen werden.

Läßt sich die Berechnung des Funktionswerts nicht auf die Berechnung eines arithmetischen oder logischen Ausdrucks zurückführen oder wird eine Anweisungsfunktion in verschiedenen Programmteilen benötigt, so daß mehrfaches Definieren der Anweisungsfunktion erforderlich wäre, so erscheint es zweckmäßig, für diese Fälle besondere Sprachelemente aufzunehmen.

FORTRAN läßt die Formulierung selbständiger Programmteile extern zu dem Programmteil zu, in dem sie aufgerufen werden.

Solche Programmteile heißen Funktionsunterprogramme und Subroutineunterprogramme, sie werden unabhängig von anderen Programmteilen compiliert. Es soll hier auf Funktionsunterprogramme eingegangen werden.

Ein Funktionsunterprogramm muß definiert werden. Die Definition beginnt mit einer Kopfzeile festgelegter Form, die sich symbolisch schreiben läßt als

$$\boxed{\text{t FUNCTION } f(x_1, x_2, \ldots, x_n)\,.}$$

Diese Zeile heißt Funktionsanweisung, t symbolisiert hierin eine Typangabe, f den Namen der Funktion, die x_i sind formale Parameter. Wenn der Typ der Funktion implizit aus dem Namen f der Funktion hervorgeht, so kann die Angabe des Typs t entfallen.

An diese Funktionsanweisung schließen sich dann ausführbare und/oder nichtausführbare Anweisungen an.

Unter diesen Anweisungen muß mindestsns eine Anweisung sein, die die Arbeit des Unterprogramms beendet und die Rückkehr zu dem aufrufenden Programm bewirkt. Diese Anweisung heißt Rückkehranweisung, sie besteht aus dem Schlüsselwort RETURN.

rückkehranweisung ::= RETURN

Als letzte Zeile muß bei der Definition eines Funktionsunterprogramms eine Endzeile erscheinen (s. Abschn. 3.).

Beispiel (für die Definition eines Funktionsunterprogramms):

```
1       5 6 7    10      15      20      25
          REAL FUNCTION KA(X,Y)
          IF (Y) 6,12,13
        6 KA=X-SQRT(-Y)*100
          RETURN
       12 KA=(2.5*X+1.)*100
          RETURN
       13 KA=X+Y
          RETURN
          END
```

Syntax:

funktionsunterprogramm ::= *funktionsanweisung* U *funktionsrumpf*

funktionsanweisung ::= FUNCTION *funktionsunterprogrammname*
U *formaler f-parameterteil* [1]) |

typ FUNCTION *funktionsunterprogrammname* U
formaler f-parameterteil

typ ::= INTEGER | REAL | DOUBLE PRECISION |
COMPLEX | LOGICAL

funktionsunterprogrammname ::= *name*

formaler f-parameterteil ::= (*formale f-parameterliste*)

formale f-parameterliste ::= *formaler f-parameter* |
formale f-parameterliste,
formaler f-parameter

formaler f-parameter ::= *variablenname* | *feldname*
name externer prozedur

name externer prozedur ::= *name*

funktionsrumpf ::= *ausführbare anweisung* U *endzeile* |
ausführbare anweisung U *funktionsrumpf* |
nichtausführbare anweisung U
funktionsrumpf |

{Einschränkungen s. in den folgenden Bemerkungen}

endzeile ::= END

Bemerkungen zur Syntax

1. Die Definition des formalen f-Parameterteils zeigt, daß mindestens ein
Parameter vorhanden sein muß.

[1]) f soll hierbei andeuten, daß es sich um den Parameterteil von Funktionsanweisungen handelt.

2. Der Funktionsrumpf muß mindestens eine Rückkehranweisung enthalten.

3. Der Funktionsrumpf kann beliebige Anweisungen enthalten, ausgenommen sind jedoch

> Funktionsanweisungen
>
> Subroutineanweisungen
>
> Anweisungen, die direkt oder indirekt die Funktion aufrufen (kein rekursiver Funktionsaufruf)
>
> Datenblockanweisungen

(die letzten beiden Anweisungen werden in den nächsten Abschnitten besprochen.)

4. Der Funktionsname des definierten Funktionsunterprogramms muß in dem Programmrumpf als ein Variablenname erscheinen. Während jeder Realisierung des Funktionsunterprogramms muß diesem Namen mindestens einmal ein Wert zugewiesen werden, d. h., der Name muß auf der linken Seite einer Anweisung oder in einer Eingabeliste erscheinen und diese Anweisung muß vor dem Erreichen der Rückkehranweisung realisiert sein. Wenn durch eine Rückkehranweisung das aufrufende Programm wieder angesteuert wird, ist der Wert, der als letzter dem Namen zugewiesen wurde, der Wert der Funktion.

5. Der Name der Funktion darf nicht in einer nichtausführbaren Anweisung erscheinen.

6. Die formalen Parameter der Funktionsanweisung dürfen nicht in common-Anweisungen, Anfangswertanweisungen und Äquivalenzanweisungen des Funktionsrumpfs erscheinen.

7. Im Funktionsrumpf dürfen formalen Parametern der Funktionsanweisung Werte zugewiesen werden, so daß außer dem Wert der Funktion, der ja dem Namen zugewiesen ist, auch weitere Werte an das aufrufende Programm vermittelt werden können.
Die formalen Parameter, über die Werte an das aufrufende Programm übergeben werden, heißen Ausgangsparameter.

8. Auf der Position eines formalen f-Parameters kann ein Feldname stehen. In Funktionsunterprogrammen (und auch in Subroutineunterprogrammen, s. Abschn. 12.) kann die Dimension eines solchen formalen Feldes variabel sein. Dann müssen in der Liste der formalen f-Parameter die Namen ganzzahliger Variabler erscheinen, über die beim Aufruf des Programms die aktuellen Dimensionen übergeben werden. Den ganzzahligen Variablen, die beim Aufruf mit dem formalen f-Parametern korrespondieren, müssen vor dem Aufruf des Unterprogramms Werte zugewiesen sein.

Beispiel:

```
FUNCTION PRODM(A,B,N)
DIMENSION A(N),B(N)
.
.
.
END
```

Solche variablen Dimensionen in einem Felddeklarator können nur in Unterprogrammen auftreten (s. a. RA 73. Abschn. 18.1.).

11.2. Aufruf von Funktionsunterprogrammen

Externe Grundfunktionen und Funktionsunterprogramme werden unter dem Begriff externe Funktionen zusammengefaßt.

> *externe funktion* ::= *externe grundfunktion* | *funktionsunterprogramm*
> *funktion* ::= *interne funktion* | *anweisungsfunktion* |
> *externe funktion*

Wie beim Aufruf von externen Grundfunktionen und Anweisungsfunktionen wird auch ein Funktionsunterprogramm durch den Funktionsnamen und die Angabe aktueller Parameter aufgerufen.

Syntax:

> *funktionsunterprogrammbezeichner* ::= *funktionsname* ∪
>   *aktueller f-parameterteil*
> *aktueller f-parameterteil* ::= (*aktuelle f-parameterliste*)
> *aktuelle f-parameterliste* ::= *aktueller f-parameter* |
>   *aktuelle f-parameterliste, aktueller f-parameter*
> *aktueller f-parameter* ::= *variablenname* | *feldelementname* |
>   *feldname* | *ausdruck* {weder Variablenname
>   noch Feldelementname} |
>   *name externer prozedur*
> *name externer prozedur* ::= *name externer funktion*
>   {wird im Abschn. 12. erweitert}
> *name externer funktion* ::= *funktionsunterprogrammname* |
>   *name externer grundfunktion*
> *funktionsbezeichner* ::= *bezeichner interner funktion* |
>   *bezeichner externer grundfunktion* |
>   *anweisungsfunktionsbezeichner* |
>   *funktionsunterprogrammbezeichner*
> *elementarausdruck* ::= *numerische konstante* | *variable* |
>   (*arithmetischer ausdruck*) |
>   *funktionsbezeichner*
> *logischer elementarausdruck* ::= *logische konstante* |
>   *logische variable* |
>   (*logischer ausdruck*) |
>   *vergleich* | *funktionsbezeichner*

Bemerkungen

1. Wenn der aktuelle Parameter beim Aufruf eines Funktionsunterprogramms der Name einer externen Funktion ist, dann muß im Funktionsrumpf der korrespondierende formale Parameter ebenfalls als Name einer externen Funktion gebraucht werden. Das gilt wörtlich auch für Subroutineunterprogramme.

2. Wenn ein formaler f-Parameter ein Feldname ist, so muß beim Aufruf der aktuelle f-Parameter auch ein Feldname oder eine indizierte Variable sein. Wenn der aktuelle Parameter ein Feldname ist, so darf die Anzahl der Feldelemente des formalen Feldes nicht größer sein als die Anzahl der Feldelemente des aktuellen Feldes.
Wenn der aktuelle Parameter eine indizierte Variable (also der Name eines Feldelements ist), so darf der Umfang des Feldes des formalen f-Parameters nur kleiner oder gleich dem Umfang des Restes des aktuellen Feldes sein, begonnen mit dem angegebenen Feldelement.

Beispiel:

A(10,2) ist im aufrufenden Programm erklärt. Als aktueller f-Parameter wird auf der Position eines Feldnamens A(3,1) übergeben. Dann darf das formale Feld nicht mehr als 18 Feldelemente haben.

Allgemein gilt für den Umfang u des formalen Feldes, wenn

a) das aktuelle Feld von der Form A(i) ist und das übergebene Feldelement A(μ) heißt

$$u \leqq i + 1 - \mu$$

b) das aktuelle Feld von der Form A(i,j) ist und das übergebene Feldelement A(μ,ν) heißt

$$u \leqq i \cdot j + 1 - (\nu - 1) i - \mu$$

c) das aktuelle Feld von der Form A(i,j,k) ist und das übergebene Feldelement A(μ,ν,$\varkappa$) heißt

$$u \leqq j \cdot j \cdot k + 1 - (\varkappa - 1) \cdot i \cdot j - (\nu - 1) i - \mu \ .$$

3. Die Dimensionen der Felder in der Liste der formalen f-Parameter und der der aktuellen f-Parameter müssen nicht übereinstimmen, doch müssen die Felder vom selben Typ sein.

11.3. Externanweisung

Da die Funktionsunterprogramme selbständig zu compilierende Programmteile sind, muß der Compiler unter anderem den formalen Parametern Speicherbereiche zuordnen. Das ist jedoch nicht nötig, wenn formale Parameter ihrerseits Funktionsunterprogramme bezeichnen. Der zu-

geordnete aktuelle Parameter muß dann beim Aufruf des Funktionsunterprogramms natürlich auch Name eines anderen Funktionsunterprogramms sein, d. h. Name einer externen Funktion sein.

Wenn aus der Syntax eines Programmsegments nicht eindeutig hervorgeht, daß ein Name eine externe Prozedur bezeichnet, dann muß der
Name dieser externen Prozedur in einer Externanweisung des Programmsegments erscheinen.

Syntax:

> *externanweisung* ::= EXTERNAL *liste externer prozeduren*
>
> *liste externer prozeduren* ::= *name externer funktion* [1]) |
>
> > *liste externer prozeduren, name externer funktion*

Der Sachverhalt soll noch an einem formalen Beispiel erläutert werden:

```
C BEGINN EINES HAUPTPROGRAMMS
      :
      EXTERNAL EXP, SQRT
C ES FOLGEN BELIEBIGE ANWEISUNGEN
      :
      N=MARION(JEA,JAE,SQRT)
C HIER FOLGEN WEITERE ANWEISUNGEN
      :
      N=K+MARION(JEA,JAE,EXP)
C WEITERE ANWEISUNGEN
      :
      END
C JETZT FOLGT DIE DEFINITION DES FUNKTIONSUNTERPROGRAMMS
      FUNCTION MARION(JEANNI,JAECKI,H)
      IF (JEANNI*2 .GT. JAECKI) GO TO 3
      MARION = JAECKI+IFIX(H(FLOAT(JEANNI)))
      GO TO 30
    3 MARION = JEANNI+IFIX(H(FLOAT(JAECKI)))
   30 RETURN
      END
```

Das Funktionsunterprogramm MARION wird zweimal aufgerufen. Beim
ersten Aufruf wird dabei der Funktionsname H durch SQRT ersetzt,
beim zweiten Aufruf durch EXP, so daß die entsprechenden Anweisungen
im Funktionsrumpf als

$$MARION = JAECKI + IFIX(SQRT(FLOAT(JEANNI)))$$

oder

$$MARION = JAECKI + IFIX(EXP(FLOAT(JEANNI)))$$

ausgeführt werden.

[1]) Wird im Abschn. 12. erweitert.

Die Namen der externen Grundfunktionen SQRT und EXP erscheinen
als aktuelle f-Parameter und müssen deshalb in der Externanweisung
aufgeführt werden.

12. Subroutineunterprogramme

12.1. Definition von Subroutineunterprogrammen

Um *beliebige* Algorithmen als Unterprogramme formulieren zu können,
bedient man sich in FORTRAN der Subroutineunterprogramme. Ein
solches Subroutineprogramm muß definiert werden. Es wird dabei wiederum
so aufgebaut, daß es selbständig compiliert werden kann.
Die Definition des Subroutineunterprogramms beginnt wiederum mit
einer Kopfzeile festgelegter Form, der Subroutineanweisung. Diese Subroutineanweisung läßt sich symbolisch schreiben in folgender Form:

$$\boxed{\text{SUBROUTINE } s(x_1, x_2, \ldots, x_n) \quad \text{oder} \quad \text{SUBROUTINE } s}$$

Hierin bedeutet s den Namen des Subroutineunterprogramms, die x_i sind
formale Parameter. Im Gegensatz zu den bisher besprochenen Funktionen
kann der formale Parameterteil fehlen. Das bedeutet, daß die Übergabe
von Werten nur über Parameter oder über globale Variable erfolgt (s. a.
RA 73, Abschn. 19.).[1]) An die Subroutineanweisung schließt sich der
Rumpf des Subroutineunterprogramms an. Der Aufbau dieses Rumpfes
entspricht dem des Funktionsrumpfs, doch darf in keiner Anweisung des
Rumpfes der Name des Subroutineunterprogramms auftreten.

Zum einfacheren Verständnis sei zuerst ein Beispiel betrachtet. Es soll
ein Subroutineunterprogramm aufgebaut werden, das für eine Meßreihe
A_i den Mittelwert und das Streuungsquadrat berechnet. Bekanntlich ist

$$A_m = \frac{1}{n} \cdot \sum_{i=1}^{n} A_i$$

und

$$S_A{}^2 = \frac{1}{n-1} \left(\sum_{i=1}^{n} A_i{}^2 - nA_m{}^2 \right),$$

wobei A_m und $S_A{}^2$ Abkürzungen für den Mittelwert und das Streuungs-
quadrat sind. (Die Namen sind deshalb so gewählt worden, damit im
FORTRAN-Programm AM vom Typ reell ist). n ist der Umfang der
Stichprobe, er ist im aufrufenden Programm durch die Vereinbarung des
Feldes A begrenzt. Das Subroutineunterprogramm könnte dann folgender-
maßen aussehen:

[1]) Das gilt grundsätzlich auch für Funktionsunterprogramme, doch müssen Funktionsunterprogramme mindestens einen formalen Parameter enthalten.

```
      SUBROUTINE MITSR(A,N,AM,SA)
      DIMENSION A(N)
      AM=0.
      SA=0.
      DO 16 N1=1,N
      AM=AM+A(N1)
   16 SA=SA+A(N1)**2
      AM=AM/FLOAT(N)
      SA=(SA+FLOAT(N)*AM**2)/FLOAT(N-1)
      RETURN
      END
```

Globale Variable dürfen nicht als formale Parameter übergeben werden. Wäre das zu übergebende Feld ein globales Feld, so würde im Rumpf des Subroutineunterprogramms das Feld in einer common-Anweisung erscheinen, und nur die aktuelle Länge n des Feldes würde als Parameter übergeben [n $\leq$ 100, wenn das globale Feld als COMMON X(100) vereinbart wurde]. Im Unterprogramm (Funktionsunterprogramm oder Subroutineunterprogramm) muß das Feld X jedoch auch mit festen Dimensionen vereinbart sein.

Das Beispiel sei entsprechend abgeändert noch einmal angegeben. Um den zweimaligen Aufruf von FLOAT(N) zu vermeiden, ist außerdem eine Hilfsvariable eingeführt worden.

```
      SUBROUTINE MITSR(N,AM,SA)
      COMMON A(100)
      AM=0.
      SA=0.
      DO 16 N1=1,N
      AM=AM+A(N1)
   16 SA=SA+A(N1)**2
      Z=N
      AM=AM/Z
      SA=(SA-AM**2*Z)/FLOAT(N-1)
      RETURN
      END
```

Syntax:

subroutineunterprogramm ::= *subroutineanweisung* U *subroutinerumpf*

subroutineanweisung ::= SUBROUTINE *subroutinename* U
formaler s-parameterteil

subroutinename ::= *name*

formaler s-parameterteil ::= *b* | (*formale s-parameterliste*)

formale s-parameterliste ::= *formale f-parameterliste*

subroutinerumpf ::= *ausführbare anweisung* U *endzeile* |
nichtausführbare anweisung U *subroutinerumpf* |
ausführbare anweisung U *subroutinerumpf*

{Einschränkungen s. in den folgenden
Bemerkungen}

Bemerkungen

Es gelten für den Subroutinerumpf die Bemerkungen, die zur Syntax des Funktionsrumpfes im Abschn. 11. gemacht worden sind, jedoch darf der Name des Subroutineunterprogramms lediglich in der Subroutineanweisung erscheinen, also nicht im Rumpf des Subroutineunterprogramms.

Ferner darf in Subroutineunterprogrammen der Parameterteil fehlen.

Das ist möglich, wenn

a) alle Parameter globale Variablen sind

b) keine Parameter benötigt werden.

Diese beiden Fälle sollen an Beispielen erläutert werden.

1. Alle formalen Parameter sind globale Variablen.

Es gibt dann im Hauptprogramm mindestens eine common-Anweisung. Ist diese common-Anweisung COMMON Z,Y,X,W,V, so könnte in dem Subroutineunterprogramm mit diesen Variablen gearbeitet werden:

```
SUBROUTINE TBK
COMMON A,B,C
    .
    .
    .
RETURN
END
```

Die globalen Variablen werden dann entsprechend ihrem Auftreten in dem nicht markierten common-Block den Variablen der common-Liste im Subroutineunterprogramm zugeordnet:

$$Z \to A$$
$$Y \to B$$
$$X \to C$$

Werden in dem Subroutineunterprogramm nur die globalen Variablen
Z und X benötigt, dann muß die common-Liste im Subroutineunterprogramm trotzdem drei Listenelemente enthalten. B würde dann im
Subroutinerumpf nicht verwendet werden. (Im übrigen gilt diese Vereinbarung über globale Variable auch in Funktionsunterprogrammen.)
Werden in dem Subroutineunterprogramm markierte Blöcke globaler
Variabler verwendet (s. a. RA 73, Abschn. 19.), so müssen die Blöcke
im Subroutineunterprogramm die gleiche Größe haben wie im Hauptprogramm.

Beispiel:

Im Hauptprogramm

      COMMON/TEST/X QUER, Y QUER, STREU, CHI ,

im Subroutineunterprogramm

      SUBROUTINE ANALYS
      COMMON/T/Q1, Q2, S, V
      .
      .
      .
      RETURN
      END

2. Wenn das Subroutineunterprogramm lediglich dazu dient, gewisse
   Routinen bei der Dateneingabe bzw. bei der Datenausgabe zu erledigen,
   werden im allgemeinen Parameter auch nicht benötigt.
   Zur Erläuterung wollen wir ein Subroutineunterprogramm betrachten,
   das lediglich dafür sorgt, daß eine neue Seite begonnen wird und diese
   Seite eine Überschriftszeile enthält.

```
SUBROUTINE UEBERS
WRITE(2,1)
1 FORMAT (1H1,11X,4HNAME,15X,7HVORNAME,7X,7HDA.-NR.,4X,6HBRUTTO,7X,
1 9HGES.-ABZ.,4X,5HNETTO,14X///)
RETURN
END
```

12.2. Aufruf von Subroutineunterprogrammen

Der Aufruf von Subroutineunterprogrammen erfolgt über Rufanweisungen. Diese Rufanweisung sei symbolisch dargestellt:

$$\boxed{\text{CALL } s(x_1, x_2, x_3, \ldots, x_n) \qquad \text{oder} \qquad \text{CALL } s}$$

s ist dabei der Name eines Subroutineunterprogramms, die x_i sind die aktuellen Parameter. Die aktuellen Parameter müssen in Anzahl, Reihenfolge, Typ und Art (Eingangsparameter oder Ausgangsparameter) mit den formalen Parametern des Subroutineunterprogramms übereinstimmen. Eine Ausnahme von dieser Regel ist, daß auf der Position eines aktuellen Parameters auch eine Hollerithkonstante verwendet werden kann. Somit können beim Aufruf von Subroutineunterprogrammen als aktuelle Parameter verwendet werden:

1. Hollerithkonstanten

2. Variablennamen

3. Feldelementnamen

4. Feldnamen

5. beliebige andere Ausdrücke

6. Namen externer Prozeduren

Wie beim Aufruf von Funktionsunterprogrammen müssen Namen externer Prozeduren in einer Externanweisung angegeben werden, wenn aus der Verwendung des Namens nicht eindeutig hervorgeht, daß es ein Prozedurnamen ist (s. a. Abschn. 11.3.). Wenn indizierte Variablen übergeben werden, so wird der Index bei Beginn der Realisierung des Subroutineunterprogramms einmal berechnet, d. h., daß statt der Angabe von Variablen im Indexausdruck auch ein konstanter Index angegeben werden kann.

Beispiel:

Ist A Name einer Matrix mit $M = 10$ Zeilen und $N = 6$ Spalten, ferner $I = 2$ und $J = 3$, so kann A(I+J,J) ersetzt werden durch A(5,3). In bezug auf die Dimension müssen formale Felder und aktuelle Felder übereinstimmen.

Syntax:

rufanweisung ::= CALL *subroutinebezeichner*

subroutinebezeichner ::= *subroutinename* ∪ *aktueller s-parameterteil*

subroutinename ::= *name*

aktueller s-parameterteil ::= b | (*aktuelle s-parameterliste*)

aktuelle s-parameterliste ::= *hollerithkonstante* | *feldelementname* | *variablenname* | *feldname* | *ausdruck* {weder Variablenname noch Feldelementname} | *name externer prozedur* | *aktuelle s-parameterliste*, *aktuelle s-parameterliste*

name externer prozedur ::= *name externer funktion* | *subroutinename*

Zu erweitern wäre noch die Syntax der Externanweisung aus Abschn. 11.:

externanweisung ::= EXTERNAL *liste externer prozeduren*
liste externer prozeduren ::= *name externer funktion* |
subroutinename |
liste externer prozeduren, liste externer prozeduren

Übungen

Ü. 12.2.1. Man schreibe ein Subroutineunterprogramm zur Bestimmung der Nullstellen eines Polynoms zweiten Grades!

Ü. 12.2.2. Man schreibe ein Programm, das die reellen Nullstellen von $n \leq 100$ Polynomen zweiten Grades der Form $A_i x^2 + B_i x + C_i$ berechnet und druckt. Das Berechnen der Nullstellen soll durch ein Subroutineunterprogramm geschehen, die Ausgabe soll in Blöcken von je zehn Sätzen erfolgen. Im Fall komplexer Nullstellen ist ein Hinweis zu drucken.

Ü. 12.2.3. Eine quadratische Matrix soll an der Hauptdiagonalen gespiegelt werden. Man gebe für die Umspeicherungen ein Subroutineunterprogramm an.

13. Spezifikationsunterprogramme

Mit Hilfe von Spezifikationsunterprogrammen werden Elementen von markierten globalen Blöcken (s. a. RA 73, Abschn. 19.) Anfangswerte zugewiesen.

Ein Spezifikationsunterprogramm ist ein in sich abgeschlossenes Programmstück; es wird selbständig übersetzt.

Ein Spezifikationsunterprogramm enthält keine ausführbaren Anweisungen, ist also gewissermaßen ein nicht ausführbares Unterprogramm. Die Anweisungen des Spezifikationsunterprogramms werden während der Compilation ausgeführt.

Syntax:

spezifikationsunterprogramm ::= *datenblockanweisung* ∪
spezifikationsrumpf
datenblockanweisung ::= BLOCK DATA
spezifikationsrumpf ::= *spezifikationsliste* ∪ *spezifikationsanhang*
spezifikationsliste ::= *typanweisung* | *dimensionsanweisung* |
common-anweisung | *äquivalenzanweisung* |
spezifikationsliste, spezifikationsliste
spezifikationsanhang ::= *anfangswertanweisung* ∪ *endzeile* |
anfangswertanweisung ∪ *spezifikationsanhang*
unterprogramm ::= *funktionsunterprogramm* |
subroutineunterprogramm |
spezifikationsunterprogramm

(Bei speziellen Compilern ist oftmals die Reihenfolge des Auftretens dieser Anweisungstypen im Spezifikationsrumpf festgelegt, so gilt etwa für ICT 1900 die Reihenfolge: Typanweisung, Dimensionsanweisung, common-Anweisung, Äquivalenzanweisung, Anfangswertanweisung.)

In den Anfangswertanweisungen des Spezifikationsunterprogramms müssen nicht alle globalen Variablen erscheinen, jedoch müssen sie vollständig spezifiziert sein.

Beispiel:

```
BLOCK DATA
REAL K
INTEGER ALPHA,BETA
DOUBLE PRECISION PI
LOGICAL G
DIMENSION A(20,30)
COMMON /VARB/K,ALPHA/ZAE/BETA,A//J,G/VARB/PI
DATA PI/3.1415926535898/,G/.FALSE./,BETA,ALPHA/2*15/
END
```

14. Gesamtaufbau des FORTRAN-Programms

14.1. Programmstruktur

Ein FORTRAN-Programm besteht aus einem Hauptprogramm und einer beliebigen Anzahl von Unterprogrammen oder auch nur aus einem Hauptprogramm.

Hauptprogramm und Unterprogramm sind in sich abgeschlossene Programmeinheiten; diese Programmeinheiten werden auch Programmsegmente genannt.

Das Hauptprogramm muß mindestens eine ausführbare Anweisung enthalten, es kann Spezifikationsanweisungen, Formatanweisungen, Anfangswertanweisungen und Definitionen von Anweisungsfunktionen und Bemerkungszeilen enthalten. Es wird mit einer Endzeile abgeschlossen. Das gilt auch für den Rumpf eines Funktionsunterprogramms oder eines Subroutineunterprogramms.

Für die Reihenfolge des Auftretens der Anweisungen in einem Hauptprogramm oder im Rumpf eines Unterprogramms gilt:

1. Spezifikationsanweisungen

2. Anfangswertanweisungen und/oder Definitionen von Anweisungsfunktionen

3. ausführbare Anweisungen

4. Formatanweisungen können an beliebiger Stelle eines Programmsegments stehen.

Ein so aufgebautes Programm wird dann in Lochkarten übertragen, durch
Steuerkarten, die von dem speziellen FORTRAN-Compiler vorgeschrieben
sind, ergänzt und kann danach in ein Maschinenprogramm übersetzt
werden.

14.2. Abschließende Beispiele

Beispiel 1. Ein Feld von $n \leq 100$ positiven Zahlen soll so umgeordnet
werden, daß eine monoton fallende Zahlenfolge[1]) entsteht. Betrachten
wir zuerst die logische Struktur des Programms, wie sie im Bild 3 darge-

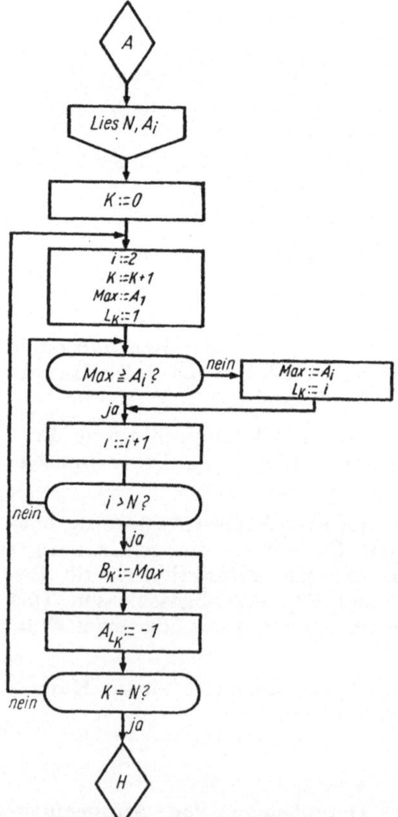

Bild 3. Umsortieren einer Zahlenfolge

[1]) Monoton fallend heißt eine Zahlenfolge, wenn für je zwei benachbarte Elemente a_i und a_{i+1} gilt $a_i \geqq a_{i+1}$.

stellt ist. Es ist neben dem zu sortierenden Datenfeld ein weiteres Feld
eingerichtet worden, in dem die sortierte Zahlenfolge gespeichert wird.
Die Elemente, die aus der umsortierten Folge übertragen werden, müssen
gelöscht werden, weil sie sonst beim erneuten Durchsuchen der umsortierten Folge wiederum als größtes Element erscheinen würden. Im Beispiel werden sie mit —1 überschrieben. Um die ursprüngliche Reihenfolge
rekonstruieren zu können, wird die Folge der Indizes gespeichert, wie
sie beim Umspeichern verwendet werden.

Das Verfahren wird mit fortschreitendem Sortierprozeß unrationeller, da
die gelöschten — also aussortierten — Elemente immer wieder zum Vergleich herangezogen werden. Dem Leser sei deshalb empfohlen, das Verfahren zur Übung so abzuändern, daß auf dem Platz umsortiert wird:
Wenn das Element mit dem Index k als größtes Element gefunden wird,
ist es mit dem ersten Element auszutauschen. Das Aufsuchen des zweit-
größten Elements beginnt dann mit dem zweiten Element der Folge usw.

Das folgende FORTRAN-Programm ist in Anlehnung an Bild 3 aufgebaut:

```
C   SORTIEREN EINER ZAHLENFOLGE
      DIMENSION A(100),B(100),L(100)
      READ(1,10)N,A
      DO 46 K=1,N
      BMAX=A(1)
      L(K)=1
      DO 47 I=2,N
      IF(BMAX.GE.A(I))GO TO 47
      BMAX=A(I)
      L(K)=I
   47 CONTINUE
      B(K)=BMAX
      I=L(K)
   46 A(I)=-1.0
   10 FORMAT(I3/(F12.4))
      END
```

Beispiel 2. Die Aufgabe soll jetzt mit Hilfe eines Subroutineunterprogramms
behandelt werden, wobei wir bei dem im Bild 3 gezeigten Aufbau bleiben.
Das Feld A sei globales Feld, B und L seien lokale Felder, die sortierte
Folge werde gedruckt.

Hauptprogramm:

```
C SORTIEREN MITTELS SUBROUTINEUNTERPROGRAMM
C      HAUPTPROGRAMM
       DIMENSION A(100),B(100),L(100)
       COMMON A
       READ(1,10)N,A
       CALL SORT(B,L,N)
       WRITE(2,11)(A(I),I=1,N)
   10  FORMAT(I3/(1F14.4))
   11  FORMAT(1Hb,G10.4)
       STOP
       END
```

```
       SUBROUTINE SORT(FELD2,FELD3,INDEX)
C EIN FELD ERSCHEINT IN COMMONANWEISUNG
       INTEGER FELD3(INDEX)
       DIMENSION FELD2(INDEX)
       COMMON FELD1(100)
       DO 33 K=1,INDEX
       FELD2(K)=FELD1(1)
       FELD3(K)=1
       DO 34 I=2,INDEX
       IF(FELD2(K).GE.FELD1(I)) GO TO 34
       FELD2(K)=FELD1(I)
       FELD3(K)=I
   34  CONTINUE
       I=FELD3(K)
       FELD1(I)=-1.0
       RETURN
       END
```

Beispiel 3. Die Funktion f(x) soll im Intervall von a bis b nach der Simpsonschen Regel näherungsweise integriert werden. Es habe dabei f(x) die spezielle Gestalt f(x,φ(x)).

Nach der Simpsonschen Regel ist dann

$$I = \int_a^b f(x)dx \approx \frac{h}{3}\left(f(a) + 4 \sum_{\nu=1}^{h} f(a + (2\nu-1)h) + 2 \sum_{\nu=1}^{n-1} f(a + 2\nu h) + f(b)\right).$$

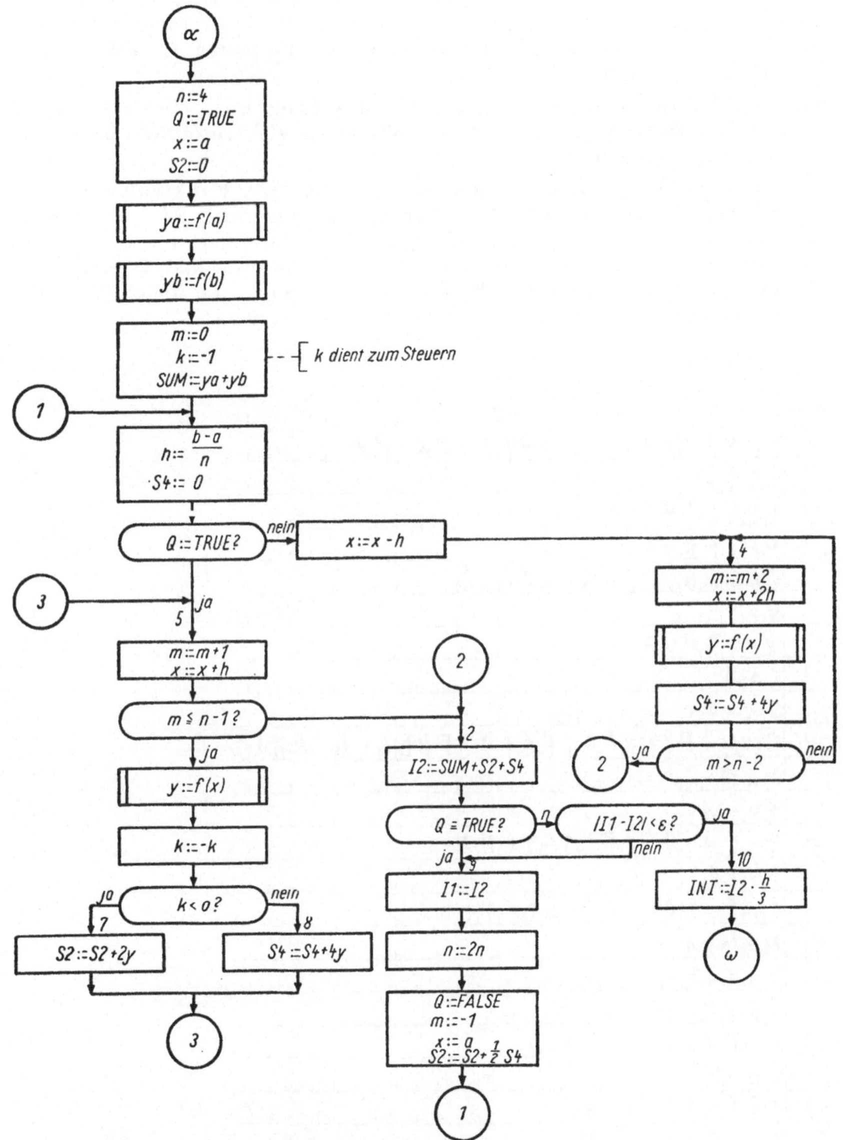

Bild 4. Flußdiagramm zur Simpsonschen Regel

wenn $h = (b-a)/n$ ist, also die Schrittweite darstellt. Um ein Maß für die Genauigkeit der Integration zu haben, verdoppelt man die Anzahl der Teilintervalle und berechnet das Integral noch einmal, so daß zwei Werte I_1 und I_2 vorliegen. Die Iteration kann nun dadurch gesteuert werden, daß getestet wird, ob $|I_1 - I_2|$ unterhalb einer Genauigkeitsschranke bleibt. Solange das nicht der Fall ist, wird I_2 als (neuer) Anfangswert betrachtet, und die Berechnung wird mit doppelter Anzahl der Teilintervalle wiederholt.

Das Flußdiagramm (Bild 4) zeigt, wie das Programm angelegt werden könnte. Der Beginn mit einer Unterteilung in vier Intervalle ist selbstverständlich willkürlich.

Um nicht bei jedem Wiederholen der Iteration alle Funktionswerte neu zu berechnen, wird vor dem Rücksprung die Teilsumme S4 durch 2 dividiert (s. a. obige Formel). Um die erste Berechnung des Integrals von allen weiteren zu unterscheiden, ist die logische Variable Q eingeführt worden. In Anlehnung an das Flußdiagramm ergibt sich folgendes Funktionsunterprogramm:

```
      FUNCTION SIMP(FUNK,PHI)
      REAL I1,I2
      LOGICAL Q
      EXTERNAL PHI
      COMMON/PARAM/A,B
      N=4
      Q=.TRUE.
      X=A
      S2=0.
      SUM=FUNK(A,PHI)+FUNK(B,PHI)
    1 M=0
      K=-1
      H=(B-A)/FLOAT(N)
      S4=0.
      IF(.NOT.Q) GO TO 3
    5 M=M+1
      X=X+H
      IF(M.GT.N-1) GO TO 2
      Y=FUNK(X,PHI)
      K=-K
      IF(K)7,7,8
    7 S2=S2+2.*Y
```

```
         GO TO 5
      8  S4 = S4 + 4. * Y
         GO TO 5
      2  I2 = SUM + S2 + S4
         IF(Q) GO TO 9
         IF(ABS(I1-I2).LT..1E-5) GO TO 10
      9  I1 = I2
         N = 2*N
         Q = .FALSE.
         M = -1
         X = A
         S2 = S2 + .5*S4
         GO TO 1
     10  SIMP = I2*H/3
         RETURN
      3  X = X - H
      4  M = M + 2
         X = X + 2.*H
         S4 = S4 + 4.*FUNK(X,PHI)
         IF(M.GT.N-2) GO TO 2
         GO TO 4
         END
```

Funktion FUNK, die in diesem Unterprogramm als Parameter benötigt wird, soll jetzt definiert werden als

$$f_1(x) = \begin{cases} \psi(x) & \text{für } x \leqq 0 \\ x + \psi(x) & \text{für } x > 0 \, . \end{cases}$$

```
         FUNCTION F1(X,PSI)
         IF(X)5,5,6
      5  F1 = PSI(X)
         RETURN
      6  F1 = X + PSI(X)
         RETURN
         END
```

Da dieses Funktionsunterprogramm erneut ein Funktionsunterprogramm aufruft, muß auch das definiert sein.

Es sei gegeben als

$$f_2(x) = \sum_{\nu = 1}^{10} \frac{1}{\nu}\, e^{-\nu x}\,.$$

```
 ·5 6 7    10      15      20      25
       FUNCTION F2(X)
       DO 17 NY=1,10
       ANY=NY
 17    F2=EXP(-ANY*X)/ANY
       RETURN
       END
```

In dem Programm, das das Funktionsunterprogramm SIMP aufruft, müßten die Namen F1 und F2 in einer Externanweisung erscheinen, da sie beim Aufruf als aktuelle Parameter übergeben werden.

Ferner müssen A und B als globale Variablen vereinbart und es müssen ihnen Anfangswerte zugewiesen worden sein. Das soll durch folgendes Spezifikationsprogramm geschehen:

```
 6 7    10      15      20
      BLOCK DATA
      COMMON /PARAM/A,B
      DATA A,B/-1.,2.0/
      END
```

Das folgende Hauptprogramm berechnet unter Verwendung dieser Unterprogramme das bestimmte Integral und druckt das Ergebnis:

```
 1.     5 6 7    10      15      20      25      30      35
 C HAUPTPROGRAMM ZUR NUM. INTEGRATION
         REAL INT
         EXTERNAL F1,F2
         INT=SIMP(F1,F2)
         WRITE(2,44) INT
   44    FORMAT(1Hb,E16.4)
         STOP
         END
```

15. Zusammenfassungen

15.1. Schlüsselwörter

ABS	DO	DABS
AIMAG	DOUBLE PRECISION	DATA
AINT	DSIGN	DATAN
ALOG	DSIN	DATAN2
ALOG10	DSQRT	DBLE
AMAX0	ENDFILE	DCOS
AMAX1	EQUIVALENCE	DEXP
AMIN0	EXP	DIM
AMIN1	EXTERNAL	DIMENSION
AMOD	FLOAT	DLOG
ASSIGN	FORMAT	DLOG10
ATAN	FUNCTION	DMAX1
ATAN2	GO TO	DMIN1
BACKSPACE	IABS	PAUSE
BLOCK DATA	IDIM	READ
CABS	IDINT	REAL
CALL	IF	RETURN
CCOS	IFIX	REWIND
CEXP	INT	SIGN
CLOG	INTEGER	SLN
CMPLX	ISIGN	SNGL
COMMON	LOGICAL	SQRT
COMPLEX	MAX0	STOP
CONJG	MAX1	SUBROUTINE
CONTINUE	MIN0	TANH
COS	MIN1	WRITE
CSIN	MOD	
DMOD	CSQRT	

15.2. Syntaktische Tafeln

Die Einheiten der Programmiersprache FORTRAN sind nach den untengenannten Stichwörtern zusammengestellt worden. Die Angaben in Klammern beziehen sich auf die Abschnitte, in denen die Besprechung erfolgte. Die Angaben fehlen, wenn es sich um syntaktischen Einheiten handelt, die ihrerseits Zusammenfassungen solcher syntaktischen Einheiten sind, die gesondert aufgeführt werden. Erfolgte die Behandlung in RA 73, so ist darauf hingewiesen worden.

Basissymbole	Rufanweisungen
Konstanten	Rücksprunganweisungen
Namen	Externanweisungen
Felder	Typanweisungen
Variable	Dimensionsanweisungen
Funktionsbezeichner	Äquivalenzanweisungen
Arithmetischer Ausdruck	common-Anweisungen
Logischer Ausdruck	Anfangswertanweisungen
Anweisungen	Formatanweisungen
Wertzuweisungen	Nichtnumerische Konvertierung

Laufanweisungen
Sprunganweisungen
Bedingte Anweisungen
Anweisungen zur Programm-
  organisation
Eingabeanweisungen
Ausgabeanweisungen
Hilfsanweisungen

Numerische Konvertierung
Funktionen
Interne Funktionen
Externe Grundfunktionen
Anweisungsfunktionen
Unterprogramme
Funktionsunterprogramme
Subroutineunterprogramme
Spezifikationsunterprogramme

Metasprachliche Symbole s. RA 73, S. 19

Basissymbol (Abschn. 3. in RA 73)

buchstabe ::= A | B | C | D | E | F | G | H | I | J | K | L | M | N | O |
    P | Q | R | S | T | U | V | W | X | Y | Z

ziffer ::= 0 | 1 | 2 | 3 | 4 | 5 | 6 | 7 | 8 | 9

oktalziffer ::= 0 | 1 | 2 | 3 | 4 | 5 | 6 | 7

alphanumerisches zeichen ::= *buchstabe* | *ziffer*

trennzeichen ::= , | . | =

klammer ::= (|)

additionsoperator ::= + | —

multiplikationsoperator ::= * | /

operationszeichen ::= *additionsoperator* | *multiplikationsoperator*

währungssymbol ::= $

sonderzeichen ::= *trennzeichen* | *klammer* | *operationszeichen* | $ | ʮ

basissymbol ::= *alphanumerisches zeichen* | *sonderzeichen*

Konstanten (Abschn. 4. in RA 73 und Abschn. 5.2. in RA 73)

natürliche konstante ::= *ziffer* | *natürliche konstante* U *ziffer*

ganzzahlige konstante ::= *natürliche konstante* | *additionsoperator* U
    natürliche konstante

vorzeichenlose reelle grundkonstante ::= *natürliche konstante* |
    natürliche konstante. natürliche konstante |
    natürliche konstante.

reelle grundkonstante ::= *vorzeichenlose reelle grundkonstante* |
    additionsoperator U *vorzeichenlose reelle grundkonstante*

vorzeichenlose reelle konstante ::= *natürliche konstante* E *ganzzahlige
    konstante* | *vorzeichenlose reelle grundkonstante* |
    vorzeichenlose reelle grundkonstante E *ganzzahlige konstante*

reelle konstante ::= *reelle grundkonstante* |
    reelle grundkonstante E *ganzzahlige konstante*

vorzeichenlose konstante mit doppelter genauigkeit ::=
    natürliche konstante D *ganzzahlige konstante* |
    vorzeichenlose reelle grundkonstante |
    vorzeichenlose reelle grundkonstante D *ganzzahlige konstante*

konstante mit doppelter genauigkeit :: =
　reelle grundkonstante D *ganzzahlige konstante*

komplexe konstante :: = (*reelle konstante, reelle konstante*)

numerische konstante :: = *natürliche konstante* |
　vorzeichenlose reelle konstante |
　vorzeichenlose konstante mit doppelter genauigkeit |
　komplexe konstante

logische konstante :: = .TRUE. | .FALSE.

text :: = *basissymbol* | *text* ∪ *basissymbol*

hollerithkonstante :: = *natürliche konstante* H *text*

　{die natürliche Zahl vor H gibt die Anzahl der nach H aufgeführten Basissymbole an, wobei Leerzeichen mitgezählt werden, sie muß von Null verschieden sein}

Namen (Abschn. 6. in RA 73)

name :: = *buchstabe* | *name* ∪ *alphanumerisches zeichen*

　{ein Name darf maximal aus 6 Zeichen bestehen}

Felder (Abschn. 18. in RA 73)

felddeklarator :: = *feldname (begrenzerliste)*

feldname :: = *name*

begrenzerliste :: = *obere grenze* | *obere grenze, obere grenze* |
　obere grenze, obere grenze, obere grenze

obere grenze :: = *natürliche konstante* {≠ 0} |
　nichtindizierte variable
　{nur in Unterprogrammen möglich}

feldelement :: = *feldelementname*

feldelementname :: = *feldname (indexliste)* {s. a. Variablen}

Variablen (Abschn. 6. in RA 73 und Abschn. 8. in RA 73)

variable :: = *nichtindizierte variable* | *indizierte variable*

nichtindizierte variable :: = *name*

indizierte variable :: = *feldelementname*

variablenname :: = *name* | *feldelementname*

feldelementname :: = *feldname (indexliste)*

feldname :: = *name*

indexliste :: = *indexausdruck* | *indexliste, indexausdruck*

　{höchstens drei Indexausdrücke}

indexausdruck ::= *natürliche konstante* | *nichtindizierte variable* |

nichtindizierte variable U *additionsoperator* U
natürliche konstante |

natürliche konstante * *nichtindizierte variable* |

natürliche konstante * *nichtindizierte variable* U

additionsoperator U *natürliche konstante*

{der Wert des Indexausdrucks
muß größer als Null sein}

Funktionsbezeichner (Abschn. 11.)

funktionsbezeichner ::= *bezeichner interner funktion* |
bezeichner externer grundfunktion |
anweisungsfunktionsbezeichner |
funktionsunterprogrammbezeichner

bezeichner interner funktion ::= *name interner funktion* U
aktueller parameterteil

bezeichner externer funktion ::= *name externer funktion* U
aktueller parameterteil

anweisungsfunktionsbezeichner ::= *funktionsname* U
aktueller parameterteil

funktionsunterprogrammbezeichner ::= *funktionsname* U
aktueller f-parameterteil

aktueller parameterteil ::= (*aktuelle parameterliste*)

aktuelle parameterliste ::= *aktueller parameter* |
aktuelle parameterliste,
aktueller parameter

{aktuelle Parameterliste der internen Funktionen und
externen Grundfunktionen s. dort}

aktueller parameter ::= *ausdruck*

ausdruck ::= *arithmetischer ausdruck* | *logischer ausdruck*

aktueller f-parameterteil ::= (*aktuelle f-parameterliste*)

aktuelle f-parameterliste ::= *aktueller f-parameter* |
aktuelle f-parameterliste,
aktueller f-parameter

aktueller f-parameter ::= *variablenname* | *feldelementname* |
feldname | *ausdruck* |
name externer prozedur

name externer prozedur ::= *name externer grundfunktion* |
funktionsunterprogrammname |
subroutinename

Arithmetischer Ausdruck (Abschn. 7. in RA 73)

exponentiationsoperator :: = **

multiplikationsoperator :: = * | /

additionsoperator :: = + | —

arithmetischer operator :: = *exponentiationsoperator* |
                multiplikationsoperator | *additionsoperator*

elementarausdruck :: = *numerische konstante* | *variable* |
                (*arithmetischer ausdruck*) | *funktionsbezeichner*

faktor :: = *elementarausdruck* | *elementarausdruck*
                ****elementarausdruck*

term :: = *faktor* | *term* / *faktor* | *term* * *term*

arithmetischer ausdruck :: = *term* | *additionsoperator* ∪ *term* |
                arithmetischer ausdruck ∪ *additionsoperator* ∪ *term*

Logischer Ausdruck (Abschn. 10. in RA 73)

logische konstante :: = .TRUE. | .FALSE.

logische variable :: = *variable*

vergleich :: = *arithmetischer ausdruck* ∪ *vergleichsoperator* ∪
                arithmetischer ausdruck

vergleichsoperator :: = .LT. | .LE. | .EQ. | .NE. | .GT. | .GE.

logischer elementarausdruck :: = *logische konstante* |
                funktionsbezeichner |
                logische variable | *vergleich* | (*logischer ausdruck*)

logische operatoren :: = .NOT. | .AND. | .OR.

logischer faktor :: = *logischer elementarausdruck* |
                .NOT. *logischer elementarausdruck*

logischer term :: = *logischer faktor* | *logischer term*
                .AND. *logischer term*

logischer ausdruck :: = *logischer term* | *logischer ausdruck*
                .OR. *logischer ausdruck*

Anweisungen

anweisung :: = *ausführbare anweisung* |
                nichtausführbare anweisung

ausführbare anweisung :: = *wertzuweisung* | *steueranweisung* |
                eingabeanweisung | *ausgabeanweisung* | *hilfsanweisung*

wertzuweisung :: = *arithmetische wertzuweisung* |
                logische wertzuweisung | *markenzuweisung*

steueranweisung ::= *sprunganweisung |*
arithmetische if-anweisung |
logische if-anweisung |
folgeanweisung |
haltanweisung |
warteanweisung |
laufanweisung |
rufanweisung |
rücksprunganweisung |

eingabeanweisung ::= *formatfreie eingabeanweisung |*
formatgebundene eingabeanweisung

ausgabeanweisung ::= *formatfreie ausgabeanweisung |*
formatgebundene ausgabeanweisung

hilfsanweisung ::= *einstellanweisung | rückstellanweisung |*
fileendeanweisung

nichtausführbare anweisung ::= *spezifikationsanweisung |*
anfangswertanweisung |
formatanweisung |
funktionsdefinition |
unterprogrammanweisung

spezifikationsanweisung ::= *typanweisung | dimensionsanweisung |*
common-anweisung | äquivalenzanweisung |
externanweisung

unterprogrammanweisung ::= *datenblockanweisung |*
funktionsanweisung |
subroutineanweisung

Wertzuweisungen (Abschn. 11. in RA 73)

arithmetische wertzuweisung ::= *variablenname =*
arithmetischer ausdruck

logische wertzuweisung ::= *variablenname = logischer ausdruck*

Laufanweisungen (Abschn. 15. in RA 73)

laufanweisung ::= DO *marke* U *laufvariable = laufliste*

laufvariable ::= *variablenname* {vom Typ ganzzahlig}

laufliste ::= *anfangswert, endwert, schrittweite |*
anfangswert, endwert

anfangswert ::= *natürliche konstante | nichtindizierte variable*
{vom Typ ganzzahlig}

endwert ::= *anfangswert*

schrittweite ::= *anfangswert*

Sprunganweisungen (Abschn. 12. in RA 73)

marke ::= *ziffer* | *marke* U *ziffer* {maximal 5 Ziffern, standardisierte
Eintragung in den Spalten 1 bis 5, führende Nullen
können durch Leerzeichen ersetzt werden, mindestens
eine Ziffer $\neq$ 0}

unbedingte sprunganweisung ::= GO TO *marke*

listensprung ::= GO TO *variable*, (*markenliste*)
{die Variable muß vom Typ ganzzahlig sein}

markenliste ::= *marke* | *markenliste, marke*

markenzuweisung ::= ASSIGN *marke* TO *variable*

berechnete listensprunganweisungen ::= GO TO (*markenliste*), *variable*

sprunganweisung ::= *unbedingte sprunganweisung* |
listensprunganweisung |
berechnete listensprunganweisung

Bedingte Anweisungen (Abschn. 13. in RA 73)

bedingte anweisung ::= *arithmetische if-anweisung* |
logische if-anweisung

arithmetische if-anweisung ::= IF (*arithmetischer ausdruck*)
marke, marke, marke

logische if-anweisung ::= IF (*logischer ausdruck*)
ausführbare anweisung

{die ausführbare Anweisung darf jedoch nicht eine Laufanweisung oder eine logische if-Anweisung sein}

Anweisungen zur Programmorganisation (Abschn. 14. in RA 73)

haltanweisung ::= STOP | STOP *oktalzahl*

warteanweisung ::= PAUSE | PAUSE *oktalzahl*

folgeanweisung ::= CONTINUE

Eingabeanweisungen (Abschn. 21.)

eingabeanweisung ::= *formatfreie eingabeanweisung* |
formatgebundene eingabeanweisung

formatfreie eingabeanweisung ::= READ(*gerätekennzeichen*)
eingabeliste | READ(*gerätekennzeichen*)

formatgebundene eingabeanweisung ::=
READ(*gerätekennzeichen,formatmarke*) *eingabeliste* |
READ(*gerätekennzeichen,formatmarke*)

gerätekennzeichen ::= *natürliche konstante* |
         variable {vom Typ ganzzahlig}

formatmarke ::= *marke* | *feldname*

eingabeliste ::= *listenelement 1* | *eingabeliste, eingabeliste*

listenelement 1 ::= *variablenname* | *feldelementname* | *feldname* |
        zyklische liste

zyklische liste ::= *(eingabeliste, laufspezifikation)*

laufspezifikation ::= *laufvariable = laufliste* {s. a. Laufanweisung}

Ausgabeanweisungen (Abschn. 3.)

ausgabeanweisung ::= *formatfreie ausgabeanweisung* |
        formatgebundene ausgabeanweisung

formatfreie ausgabeanweisung ::= WRITE(*gerätekennzeichen*
        ausgabeliste

formatgebundene ausgabeanweisung ::=
    WRITE(*gerätekennzeichen, formatmarke*) *ausgabeliste* |
    WRITE(*gerätekennzeichen, formatmarke*)

gerätekennzeichen ::= *natürliche konstante* |
        variable {vom Typ ganzzahlig}

formatmarke ::= *marke* | *feldname*

ausgabeliste ::= *listenelement 2* | *ausgabeliste, ausgabeliste*

listenelement 2 ::= *variable* | *feldname* | *zyklische liste*

zyklische liste ::= *(ausgabeliste, laufspezifikation)*

laufspezifikation ::= *laufvariable = laufliste* {s. a. Laufanweisung}

Hilfsanweisungen (für die Eingabe und Ausgabe) (Abschn. 3.3.)

hilfsanweisung ::= *einstellanweisung* | *rückstellanweisung* |
        fileendeanweisung

einstellanweisung ::= REWIND *gerätekennzeichen*

rückstellanweisung ::= BACKSPACE *gerätekennzeichen*

fileendeanweisung ::= ENDFILE *gerätekennzeichen*

gerätekennzeichen ::= *natürliche konstante* | *variable*
        {vom Typ ganzzahlig}

Rufanweisungen (Abschn. 12.2.)

rufanweisung ::= CALL *subroutinebezeichner*

subroutinebezeichner ::= *subroutinename* ∪ *aktueller s-parameterteil*

subroutinename ::= *name*

aktueller s-parameterteil ::= *b* | *(aktuelle s-parameterliste)*

aktuelle s-parameterliste ::= *aktuelle f-parameterliste* |
    hollerithkonstante |
    aktuelle s-parameterliste,
    aktuelle s-parameterliste

aktuelle f-parameterliste ::= *aktueller f-parameter* |
    aktuelle f-parameterliste, aktueller f-parameter

aktueller f-parameter ::= *variablenname* | *feldelementname* | *feldname*
    ausdruck {weder Variablenname noch Feld
    elementname}
    name externer prozedur

name externer prozedur ::= *name externer funktion* |
    subroutinename

name externer funktion ::= *name externer grundfunktion* |
    funktionsunterprogrammname

Rücksprunganweisungen (Abschn. 10.)

rücksprunganweisung ::= RETURN

Externanweisungen (Abschn. 11.3.)

externanweisung ::= EXTERNAL *externliste*

externliste ::= *name externer prozedur* |
    externliste, name externer prozedur

Typanweisungen (Abschn. 17. in RA 73)

typanweisung ::= *typ* ∪ *liste*

typ ::= INTEGER | REAL | DOUBLE PRECISION | COMPLEX |
    LOGICAL

liste ::= *listenelement* | *liste, listenelement*

listenelement ::= *variablenname* | *feldname* | *felddeklarator* |
    funktionsname

Dimensionsanweisungen (Abschn. 18. in RA 73)

dimensionsanweisung ::= DIMENSION *felddeklarator* |
    dimensionsanweisung, felddeklarator

Äquivalenzanweisungen (Abschn. 17.4. in RA 73)

äquivalenzanweisung ::= EQUIVALENCE *äquivalenzliste*

äquivalenzliste ::= *(namensliste)* |
               äquivalenzliste, äquivalenzliste

namensliste ::= *variablenname* | *feldelementname* {mit konstanten
            Indizes} |
            namensliste, namensliste

common-Anweisungen (Abschn. 19. in RA 73)

common-anweisung ::= COMMON *commonliste*

commonliste ::= */blockname/ c-listenelement* |
           commonliste, c-listenelement |
           commonliste ∪ *commonliste*
           {wenn der Blockname b ist, kann // am Anfang der
           common-Liste entfallen}

blockname ::= | *name*

c-listenelement ::= *variablenname* | *feldname* |
              felddeklarator

Anfangswertanweisungen (Abschn. 17.3. in RA 73)

anfangswertanweisung ::= DATA *anfangswertliste*

anfangswertliste ::= *namensliste / konstantenliste/* |
            anfangswertliste, anfangswertliste

namensliste ::= *variablenname* | *feldelementname* {mit konstanten
            Indizes} |
            namensliste, namensliste

konstantenliste ::= *numerische konstante* | *logische konstante* |
           hollerithkonstante |
           additionsoperator ∪ *numerische konstante* {nicht bei
              komplexen Konstanten} |
           wiederholungskonstante * *numerische konstante* |
           wiederholungskonstante * *additionsoperator* ∪
              numerische konstante |
           wiederholungskonstante * *logische konstante* |
           wiederholungskonstante * *hollerithkonstante* |
           konstantenliste, konstantenliste

wiederholungskonstante ::= *natürliche konstante* {$\neq 0$}

Formatanweisungen (Abschnitte 1., 4., 5., 6., 7.)

formatanweisung ::= *marke* FORMAT(*formatspezifikation*)

marke ::= *natürliche konstante* {≠ 0, maximal 5 Ziffern}

formatspezifikation ::= *numerische konvertierung* |
　　　　　　　　　　nichtnumerische konvertierung |
　　　　　　　　　　(*formatspezifikation*) |
　　　formatspezifikation ∪ *formatspezifikationstrennzeichen* ∪
　　　　　　　　　　formatspezifikation |
　　　　　wiederholungskonstante (*formatspezifikation*) |
　　recordendefolge ∪ *formatspezifikation* ∪ *recordendefolge*

formatspezifikationstrennzeichen ::= , | *recordendefolge* /

recordendefolge ::= | / | *recordendefolge* /

Nichtnumerische Konvertierung (Abschn. 5.)

nichtnumerische konvertierung ::= *l-konvertierung* |
　　　h-konvertierung | *x-konvertierung* | *a-konvertierung*

l-konvertierung ::= *einfache l-konvertierung* |
　　　　　　l-konvertierung mit wiederholung

einfache l-konvertierung ::= L *natürliche konstante* {≠ 0}

l-konvertierung mit wiederholung ::=
　　　　wiederholungskonstante ∪ *einfache l-konvertierung*

wiederholungskonstante ::= *natürliche konstante* {≠ 0}

h-konvertierung ::= *hollerithkonstante*

hollerithkonstante ::= *natürliche konstante* H *text* {definiert in
　　　　Abschn. 5. in RA 73}

x-konvertierung ::= *natürliche konstante* X {Konstante ≠ 0}

a-konvertierung ::= *einfache a-konvertierung* |
　　　　　　a-konvertierung mit wiederholung

einfache a-konvertierung ::= A *natürliche konstante* {≠ 0}

a-konvertierung mit wiederholung ::=
　　　　wiederholungskonstante ∪ *einfache a-konvertierung*

Numerische Konvertierung (Abschnitte 1. und 4.)

numerische konvertierung ::= *reelle konvertierung* | *i-konvertierung*

reelle konvertierung ::= *e-konvertierung* | *f-konvertierung* |
　　　　　　g-konvertierung | *d-konvertierung*

e-konvertierung ::= *einfache e-konvertierung* |
　　　　　　e-konvertierung mit wiederholung |
　　　　　　e-konvertierung mit verschiebung

einfache e-konvertierung ::= E *numerisches muster*
e-konvertierung mit wiederholung ::= *wiederholungskonstante* U
           einfache e-konvertierung
e-konvertierung mit verschiebung ::= *verschiebeexponent* U
           einfache e-konvertierung |
           verschiebeexponent U
      e-konvertierung mit wiederholung
numerisches muster ::= *natürliche konstante . natürliche konstante*
        {erste Konstante größer als zweite}
wiederholungskonstante ::= *natürliche konstante* {$\neq 0$}
verschiebeexponent ::= *ganzzahlige konstante* P
f-konvertierung ::= *einfache f-konvertierung* |
      f-konvertierung mit wiederholung |
      f-konvertierung mit verschiebung
einfache f-konvertierung ::= F *numerisches muster*
f-konvertierung mit wiederholung ::= *wiederholungskonstante* U
           einfache f-konvertierung
f-konvertierung mit verschiebung ::=
    verschiebeexponent U *einfache f-konvertierung* |
    verschiebeexponent U *f-konvertierung mit wiederholung*
g-konvertierung ::= *einfache g-konvertierung* |
      g-konvertierung mit wiederholung |
      g-konvertierung mit verschiebung
einfache g-konvertierung ::= G *numerisches muster*
g-konvertierung mit wiederholung ::=
    wiederholungskonstante U *einfache g-konvertierung*
g-konvertierung mit verschiebung ::=
    verschiebeexponent U *einfache g-konvertierung* |
    verschiebeexponent U *g-konvertierung mit wiederholung*
d-konvertierung ::= *einfache d-konvertierung* |
      d-konvertierung mit wiederholung |
      d-konvertierung mit verschiebung
einfache d-konvertierung ::= D *numerisches muster*
d-konvertierung mit wiederholung ::=
    wiederholungsfaktor U *einfache d-konvertierung*
d-konvertierung mit verschiebung ::=
    verschiebeexponent U *einfache d-konvertierung* |
    verschiebeexponent U *d-konvertierung mit wiederholung*
i-konvertierung ::= *einfache i-konvertierung* |
      i-konvertierung mit wiederholung
einfache i-konvertierung ::= I *numerisches muster*
i-konvertierung mit wiederholung ::=
    wiederholungskonstante U *einfache i-konvertierung*

Funktionen (Abschn. 11.)

funktion ::= *interne funktion* | *anweisungsfunktion* |
      externe funktion
externe funktion ::= *externe grundfunktion* |
      funktionsunterprogramm

Interne Funktionen (Abschn. 9. in RA 73 und Abschn. 9.)

bezeichner interner funktionen :: =
   name interner funktionen ∪ *aktueller parameterteil*
   {die Namen der internen Funktionen und die Beschaffenheit
   des aktuellen Parameterteils gehen aus folgender Tafel hervor}

Name der internen Funktion	Anzahl der aktuellen Parameter	Typ der Parameter	Typ des Funktionswerts	Bedeutung
ABS	1	r	r	
IABS	1	i	i	$\mid x \mid$
DABS	1	d	d	
AINT	1	r	r	$\text{sign } x \cdot [x]$
INT	1	r	i	
IDINT	1	d	i	
AMOD	2	r	r	$x_1(\text{mod } x_2)$
MOD	2	i	i	
AMAX0	≥ 2	i	r	
AMAX1	≥ 2	r	r	
MAX0	≥ 2	i	i	$\max(x_1.x_2,\ldots,x_n)$
MAX1	≥ 2	r	i	
DMAX1	≥ 2	d	d	
AMIN0	≥ 2	i	r	
AMIN1	≥ 2	r	r	
MIN0	≥ 2	i	i	$\min(x_1,x_2,\ldots,x_n)$
MIN1	≥ 2	r	i	
DMIN1	≥ 2	d	d	
FLOAT	1	i	r	Umwandlung in Gleitkommazahlen
IFIX	1	r	i	Umwandlung in ganze Zahl
SIGN	2	r	r	
ISIGN	2	i	i	$\text{sign } x_1 \cdot \mid x_2 \mid$
DSIGN	2	d	d	
DIM	2	r	r	$x_1 - \min(x_1,x_2)$
IDIM	2	i	i	
SNGL	1	d	r	wesentlicher Teil von x
REAL	1	c	r	R(x)
AIMAG	1	c	r	I(x)
DBLE	1	r	d	Umwandlung einer Gleitkommazahl in die Form der doppelten Genauigkeit
CMPLX	2	r	c	Umwandlung zweier reeller Zahlen x_1 und x_2 in die Form der komplexen Zahl $x_1 + x_2 \cdot i$
CONJ	1	c	c	$R(x) - I(x) \cdot i$

Externe Grundfunktionen (Abschn. 9. in RA 73 und Abschn. 9.)

bezeichner externer grundfunktionen ::=

> *name externer grundfunktionen* ∪ *aktueller parameterteil*
>
> {die Namen der externen Grundfunktionen und die Beschaffenheit des aktuellen Parameterteils gehen aus folgender Tafel hervor}

Name der externen Grundfunktion	Anzahl der aktuellen Parameter	Typ der Parameter	Typ des Funktionswerts	Bedeutung
EXP	1	r	r	
DEXP	1	d	d	e^x
CEXP	1	c	c	
ALOG	1	r	r	
DLOG	1	d	d	$\ln x$
CLOG	1	c	c	
ALOG10	1	r	r	$\lg x$
DLOG10	1	d	d	
SIN	1	r	r	
DSIN	1	d	d	$\sin x$
CSIN	1	c	c	
COS	1	r	r	
DCOS	1	d	d	$\cos x$
CCOS	1	c	c	
TANH	1	r	r	$\tanh x$
SQRT	1	r	r	
DSQRT	1	d	d	$x^{1/2}$
CSQRT	1	c	c	
ATAN	1	r	r	$\arctan x$
DATAN	1	d	d	
ATAN2	2	r	r	
DATAN2	2	d	d	$\arctan \dfrac{x_1}{x_2}$
DMOD	2	d	d	$x_1 \pmod{x_2}$
CABS	1	c	c	$\lvert x \rvert$

Anweisungsfunktionen (Abschn. 10.)

> *funktionsdefinition* ::= *funktionsname* ∪
>
>> *formaler parameterteil = ausdruck*
>
> *funktionsname* ::= *name*
>
> *formaler parameterteil* ::= (*formale parameterliste*)
>
> *formale parameterliste* ::= *formaler parameter* |
>
>> *formale parameterliste,*
>>
>> *formaler parameter*

formaler parameter ::= *variablenname*

ausdruck ::= *arithmetischer ausdruck* | *logischer ausdruck*

anweisungsfunktionsbezeichner ::= *funktionsname* U
           aktueller parameterteil

aktueller parameterteil ::= (*aktuelle parameterliste*)

aktuelle parameterliste ::= *aktueller parameter* |
        aktuelle parameterliste,
        aktueller parameter

aktueller parameter ::= *ausdruck*

Unterprogramme (Abschnitte 11., 12., 13.)

unterprogramm ::= *funktionsunterprogramm* | *subroutineunterprogramm* |
      spezifikationsunterprogramm

Funktionsunterprogramme (Abschn. 11.)

funktionsunterprogramm ::= *funktionsanweisung* U *funktionsrumpf*

funktionsanweisung ::= **FUNCTION** *funktionsunterprogrammname* U
       formaler f-parameterteil |
       typ **FUNCTION** *funktionsname* U
       formaler f-parameterteil

typ ::= **INTEGER** | **REAL** | **DOUBLE PRECISION** | **COMPLEX** |
    LOGICAL

funktionsunterprogrammname ::= *name*

formaler f-parameterteil ::= (*formale f-parameterliste*)

formale f-parameterliste ::= *formaler f-parameter* |
         formale f-parameterliste,
         formaler f-parameter

formaler f-parameter ::= *variablenname* | *feldname* |
        name externer prozedur

name externer prozedur ::= *name*

funktionsrumpf ::= *ausführbare anweisung* U *endzeile* |
      ausführbare anweisung U *funktionsrumpf* |
      nichtausführbare anweisung U *funktionsrumpf*
      {Einschränkungen im Text}

endzeile ::= **END**

Subroutineunterprogramme (Abschn. 12.)

subroutineunterprogramm ::= *subroutineanweisung* U
          subroutinerumpf

subroutineanweisung ::= **SUBROUTINE** *subroutinename* U
        formaler s-parameterteil

subroutinename ::= *name*

formaler s-parameterteil ::= *b* | (*formale s-parameterliste*)

formale s-parameterliste ::= *formale f-parameterliste*

formale f-parameterliste ::= *formaler f-parameter* |
        formale f-parameterliste,
        formaler f-parameter

formaler f-parameter ::= *variablenname* | *feldname* |
        name externer prozedur

name externer prozedur ::= *name*

subroutinerumpf ::= *ausführbare anweisung* ∪ *endzeile* |
        ausführbare anweisung ∪ *subroutinerumpf* |
        nichtausführbare anweisung ∪ *subroutinerumpf*
        {Einschränkungen für die Bildung des
        Subroutinerumpfes s. im Text}

Spezifikationsunterprogramm (Abschn. 13.)

spezifikationsunterprogramm ::= *datenblockanweisung* ∪
        spezifikationsrumpf

datenblockanweisung ::= BLOCK DATA

spezifikationsrumpf ::= *spezifikationsliste* ∪ *spezifikationsanhang*

spezifikationsliste ::= *typanweisung* | *äquivalenzanweisung* |
        common-anweisung | *dimensionsanweisung* |
        spezifikationsliste, spezifikationsliste

spezifikationsanhang ::= *anfangswertanweisung* ∪ *endzeile* |
        anfangswertanweisung ∪ *spezifikationsanhang*

endzeile ::= END

15.3. Fachbegriffe Englisch-Deutsch

actual argument	aktueller Parameter
adjustable dimension	veränderliche Indexgrenze
alphanumeric character	alphanumerisches Zeichen
argument	Parameter
argument association	Parameterzuordnung
arithmic assignment statement	arithmetische Ergibtanweisung
arithmetic element	arithmetischer Elementarausdruck
arithmetic expression	arithmetischer Ausdruck
arithmetic if statement	arithmetische if-Anweisung
arithmetic operator	arithmetischer Operator
array	Feld
array declarator	Felderklärung
array declarator name	Feldname (in der Felderklärung)
array declarator subscript	Indexgrenzenangabe (in der Felderklärung
array element	Feldelement
assigned go to statement	Listensprunganweisung
assignment statement	Ergibtanweisung
asterisk	Stern

auxiliary input/output statement	ergänzende Eingabe-Ausgabe-Anweisung
backspace statement	Rücksetzanweisung
basic block	Programmstück
basic external function	externe Standardfunktion, externe Grundfunktion
basic field descriptor	einfache Formatangabe
basic group	einfache Gruppe (von Formatangaben)
basic real constant	reelle Grundkonstante
blank	Zwischenraum
blank common	unbenannter (globaler) Speicherblock
block data statement	Blockdatenanweisung, Datenblockanweisung
block data subprogram	Blockdatenunterprogramm, Spezifikationsunterprogramm
block name	Blockname
call statement	Rufanweisung
charakter	Zeichen
character set	Zeichenmenge
column	Spalte
comma	Komma
comment line	Kommentarzeile
common block	globaler Speicherblock
common statement	common-Anweisung
completely nested nest	vollständige Schachtelung (von Schleifen)
complex	komplex
computed go to statement	berechnete Listensprunganweisung
constant	Konstante
continuation line	Folgezeile (einer Anweisung)
continue statement	Leeranweisung
control statement	Steueranweisung
control variable	Laufvariable
conversion code	Umwandlungsschlüssel
currency symbol	Währungszeichen
data initialization statement	Anfangswertanweisung
data name	Datenname
decimal exponent	Dezimalexponent E
decimal point	Dezimalpunkt
digit	Ziffer
dimension statement	Feldanweisung
dimensionality	Anzahl der Dimensionen
do statement	Laufanweisung
do-implied list	Liste mit impliziter Laufanweisung
do-implied specification	Spezifikation für implizite Laufanweisung
double precision	doppelte Genauigkeit
double precision exponent	Dezimalexponent D
dummy argument	formaler Parameter
endfile statement	Fileende-Anweisung
end line	Endzeile
equals =	gleich
equivalence statement	Äquivalenzanweisung
executable program	ausführbares Programm
executable statement	ausführbare Anweisung
expression	Ausdruck
external function	externe Funktion

external procedure — externe Prozedur
external representation — externe Darstellung
external statement — Externanweisung
external subroutine — externe Subroutine
factor — (arithmetischer) Faktor
field descriptor — Datenfeldbeschreibung, Konvertierungsvorschrift

field separator — Trennzeichen
field width — Datenfeldlänge
format specification — Formatangabe
format statement — Formatanweisung
formatted read statement — formatgebundene Leseanweisung
formatted record — formatgebundener Datensatz
formatted write statement — formatgebundene Schreibanweisung
function — Funktion
function defining statement — funktionsdefinierende Anweisung
function procedure — Funktionsprozedur
function statement — Funktionsanweisung
function subprogram — Funktionsunterprogramm
go to statement — Sprunganweisung
group repeat count — Gruppenwiederholzahl
hollerith — Hollerith
implied association — implizite Typzuordnung
incrementation parameter — Schrittweitenparameter (einer Laufanweisung)

initial line — Anfangszeile (einer Anweisung)
initial parameter — Anfangsparameter (einer Laufanweisung)

input/output list — Eingabe-Ausgabe-Liste
input/output statement — Eingabe-Ausgabe-Anweisung
integer — ganzzahlig
internal representation — interne Darstellung
intrinsic function — interne Standardfunktion
labelled common block — markierter globaler Speicherblock
left justified — linksbündig
left parenthesis — (runde) Klammer auf
letter — Buchstabe
line — Zeile
list — Liste
logical — logisch
logical assignment statement — logische Ergibtanweisung
logical element — logischer Elementarausdruck
logical expression — logischer Ausdruck
logical factor — logischer Faktor
logical if statement — logische if-Anweisung
logical operator — logischer Operator
logical primary — logischer Elementarausdruck
logical term — logischer Term
main program — Hauptprogramm
minus — — minus
name, symbolic name — Name
nonexecutable statement — nichtausführbare Anweisung
octal digit — Oktalziffer
operator — Operator
optionally signed — mit oder ohne Vorzeichen
pause statement — Pauseanweisung, Warteanweisung

84

plus +	plus
primary	(arithmetischer) Elementarausdruck
procedure	Prozedur
procedure name	Prozedurname
procedure subprogram	Prozedurunterprogramm
program body	Programmrumpf
program part	Programmteil
program unit	Programmeinheit
range of a do statement	Bereich einer Laufanweisung
read statement	Leseanweisung
real	reell („einfache Genauigkeit")
reference	Bezugnahme
relational expression	Vergleichsausdruck
relational operator	Vergleichsoperator
repeat count	Wiederholzahl
repeat specification	Wiederholangabe
return statement	Rücksprunganweisung
rewind statement	Rückstellanweisung
right justified	rechtsbündig
right parenthesis	(runde) Klammer zu
scale factor	Skalenfaktor, Verschiebefaktor
signed	mit Vorzeichen
simple arithmetic expression	einfacher arithmetischer Ausdr
simple list	einfache (Eingabe-Ausgabe-) L
slash /	Schrägstrich
special character	Sonderzeichen
specification statement	Spezifikationsanweisung
specification subprogram	Spezifikationsunterprogramm
statement	Anweisung
statement function	Funktionswertanweisung, Anweisungs-funktion
statement label	Anweisungsnummer, Anweisungsmarke
stop statement	Stopanweisung, Haltanweisung
string	Reihe
subprogram	Unterprogramm
subprogram statement	Unterprogrammanweisung
subroutine	Subroutine
subroutine procedure	Subroutineprozedur
subroutine statement	Subroutinenanweisung
subroutine subprogram	Subroutinenunterprogramm
subscript	Index
subscript expression	Indexausdruck
subscript value	Indexwert
term	(arithmetischer) Term
terminal parameter	Endparameter (einer Laufanweisung)
terminal statement	letzte Anweisung (einer Laufanweisung)
type association	Typzuordnung
type statement	Typanweisung
unconditional go to statement	unbedingte Sprunganweisung
unformatted read statement	formatfreie Eingabeanweisung
unformatted record	formatfreier Datensatz
unformatted write statement	formatfreie Ausgabeanweisung
variable	Variable
vertical spacing	Zeilenvorschub
write statement	Ausgabeanweisung

Lösungen

Ü. 2.1.

$0,56 \cdot 10^{-30}$	$0,246 \cdot 10^{21}$	$0,11094 \cdot 10^{8}$
$0,560170 \cdot 10^{1}$	$0,5801 \cdot 10^{2}$	$-0,46 \cdot 10^{-1}$

G6.3   oder   F6.3

E7.4   oder   D7.4

$0,61724 \cdot 10$	$-0,3156 \cdot 10^{-1}$	$-0,4414 \cdot 10^{-1}$

Ü. 3.1.

0.37928860D*b*04

*bb*16.920130E*b*00*b*—44.444144E*b*00*bbb*0.179000E*b*00

7.11122139*b*.17900000

6279318.00

16.9201*bbbbbbbb*0.0E*b*000.17900*bbbb*111.200*bbb*

*b*44.4441   16.920   (diese Zahlen würden unmittelbar
anschließend erscheinen)

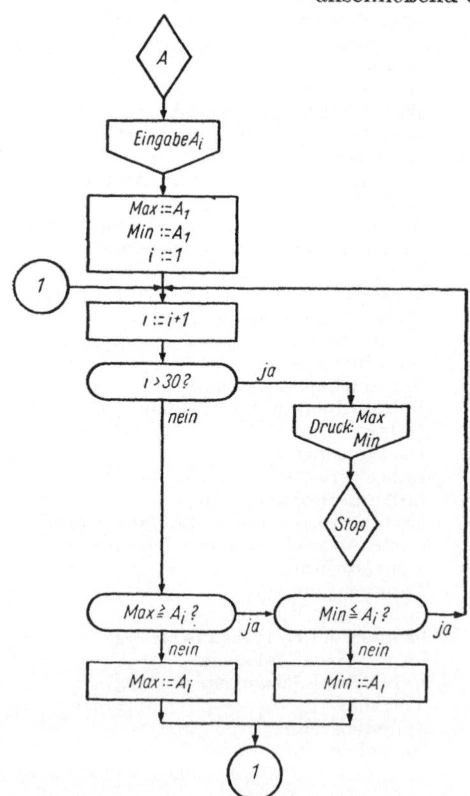

Bild 5. Flußdiagramm zur Lösung von Ü. 3.3.1.

Ü. 3.3.1.

Das folgende Programm ist in Anlehnung an das Flußdiagramm
geschrieben.

```
      REAL MAX,MIN
      DIMENSION A(30)
C ES SEIEN 3 DATENEINHEITEN ZU EINEM RECORD ZUSAMMENGEFASST.
    4 FORMAT (3E16.5)
    5 FORMAT (E16.5)
      READ (1,4)A
      MAX=A(1)
      MIN=A(1)
      DO 11 I=2,30
      IF(MAX.GE.A(I))GO TO 50
      MAX=A(I)
      GO TO 11
   50 IF(MIN.LE.A(I))GO TO 11
      MIN=A(I)
   11 CONTINUE
      WRITE (2,5)MAX,MIN
      STOP
      END
```

Ü. 3.3.2.

Aus der Newtonschen Näherungsformel $x_{n+1} = x_n - \dfrac{f(x_n)}{f'(x_n)}$ ergibt sich,
wenn man $f(x) = x^3 - a$ setzt,

$$x_{n+1} = \frac{1}{3}\left(2x_n + \frac{a}{x_n{}^2}\right).$$

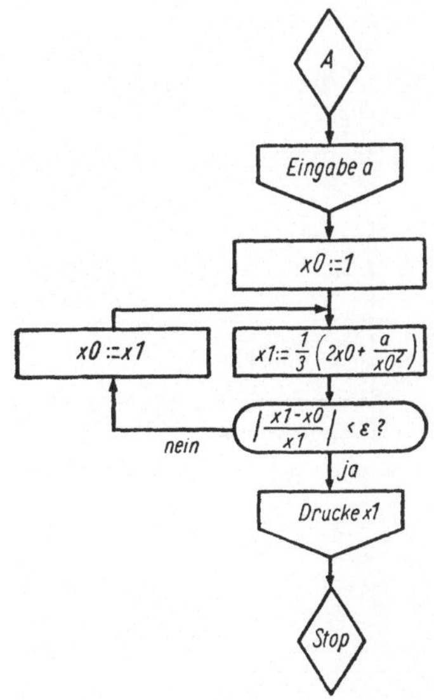

Bild 6. Flußdiagramm für die iterative Berechnung von $\sqrt[3]{a}$

Bild 6 zeigt das Flußdiagramm, das FORTRAN-Programm ergibt sich unmittelbar aus dem Diagramm.

```
     5 6 7   10   15   20   25   30   35
         READ (1,2000) A
         X0=1.0
       5 X1=(2.*X0+A/X0**2)/3.0
         IF(ABS((X1-X0)/X1)-.1E-7)6,7,7
       7 X0=X1
         GO TO 5
       6 WRITE (2,2001)X1
  2000   FORMAT(E16.6)
  2001   FORMAT(1Hb,E16.6)
         STOP
         END
```

Ü. 5.3.1.

Im ersten Fall wird ein Record mit 116 Stellen ausgegeben. Aus drucktechnischen Gründen ist dieser Record in zwei Zeilen statt in einer wiedergegeben.

SUMMEN*bbbb*23.49*bbb*—2.87930E*b*01*bbb*0.119193612718D*b*01*bbb*—

0.69*bbbbbb* 1.86*b*/*bbbbbbb*12

*bbbb*12*bbb*WURZEL*bb*23.490*bbb*WKTWERT*bbb*—28.793

Ü. 5.3.2.

M	R 2	R 3	Q	über- gangen	Z	nicht gelesen
bb—17	*b*—36.137	—82.6110	*bbb*T93.2	BETRAG	*bbb*—38.2E*b*03	*b* ... *b*
—17	—0,36137	—0,82611	.TRUE.		—0,382 10^5	

Ü. 5.3.3.

```fortran
C PROGRAMM ZUR BERECHNUNG VON NULLSTELLEN (POLYNOME 2.GRADES)
      DIMENSION A(5Ø),B(5Ø),C(5Ø)
      READ(1,1)N
    1 FORMAT(I2)
      READ(1,2)(A(I),B(I),C(I),I=1,N)
    2 FORMAT(3F12.4)
      DO 1Ø I=1,N
      DISKR=B(I)**2-4.*A(I)*C(I)
      IF(DISKR) 1ØØ,1Ø1,1Ø2
  1Ø2 X=SQRT(DISKR)
      Y=(X-B(I))/(2.*A(I))
      X=(-X-B(I))/(2.*A(I))
      WRITE(2,3)A(I),B(I),C(I),X,Y
    3 FORMAT(1Hb,3(E12.5,4X),15X,2(F1Ø.4,3X))
      GO TO 1Ø
  1Ø1 X=-B(I)/(2.*A(I))
      WRITE(2,3)A(I),B(I),C(I),X,X
      GO TO 1Ø
  1ØØ X=SQRT(-DISKR)/(2.*A(I))
      Y=-B(I)/(2.*A(I))
      WRITE(2,4)A(I),B(I),C(I),Y,X
    4 FORMAT(1Hb,3(12.5,4X),15HKOMPLEXEbLSG.bb,2(F1Ø.4,3X))
   1Ø CONTINUE
      STOP
      END
```

89

Ü. 12.2.1. Mit den Bezeichnungen aus Ü. 2.3. in RA 73 ergibt sich folgendes Subroutineunterprogramm:

```
     SUBROUTINE NULLST (A,B,C,X1,X2,X3)
     D=B**2-4.*A*C
     IF(D) 41,42,43
43   W=SQRT(D)
     X1=(-B+W)/(A+A)
     X2=(-B-W)/(A+A)
     GO TO 99
42   X1=-B/(A+A)
     X2=X1
99   X3=0
     RETURN
41   W=SQRT(-D)
     X1=-B/(A+A)
     X2=W/(A+A)
     X3=1
     RETURN
     END
```

Ü. 12.2.2. (In Ü. 5.3.3. ist die Aufgabe ohne Unterprogrammtechnik behandelt worden.)

Auf der Eingabelochkarte soll für einen Datensatz ein Feld von 3 mal 15 Spalten reserviert sein. Das Einlesen der Koeffizienten soll nach der E-Konvertierung erfolgen.

Vorangestellt ist den Koeffizientensätzen eine Lochkarte mit der Angabe der Anzahl der folgenden Sätze. Bei der Ausgabe sollen in jedem Ausgabesatz A_i, B_i, C_i, X_{i_1} und X_{i_2} oder ein Hinweis gedruckt werden, daß die Nullstellen nicht reell sind:

Kopfzeile

A(I)   B(I)   C(I)   X1   X2

```
C HIER BEGINNT DAS HAUPTPROGRAMM
      DIMENSION A(100),B(100),C(100)
      READ(1,50)N
      READ(1,51)(A(I),B(I),C(I),I=1,N)
      J=1
      CALL KOPF
      DO 102 I=1,N
      CALL NQUADP(A(I),B(I),C(I),Y,Z,KENNZ)
      IF(KENNZ=0) GO TO 101
      WRITE(2,52)A(I),B(I),C(I)
      GO TO 100
      WRITE(2,53)A(I),B(I),C(I),Y,Z
100   J=J+1
      IF(J.LE.10)GO TO 102
      J=1
      CALL KOPF
102   CONTINUE
50    FORMAT(I3)
51    FORMAT(3E15.6)
52    FORMAT(10X,3(E16.4,4X),10X,21HNULLSTELLENbIMAGINAER
53    FORMAT(10X,3(E16.4,4X),10X,2(E16.4,4X))
      STOP
      END
```

```
C JETZT WERDEN DIE BEIDEN SUBROUTINEUNTERPROGRAMME DEFINIERT
      SUBROUTINE NQUADP(A,B,C,X1,X2,X3)
      INTEGER X3
      D=B**2-4.*A*C
      IF(D) 100,101,102
C HIER DUERFEN DIESELBEN NAMEN VERWENDET WERDEN WIE IM HAUPTPROGRAMM,
C DAS GILT AUCH FUER MARKEN.
100   X3=1
      RETURN
101   X1=-B/(A+A)
      X2=X1
      X3=0
      RETURN
102   X2=SQRT(D)
      X1=(-B+X2)/(A+A)
      X2=(-B-X2)/(A+A)
      X3=0
      RETURN
      END
```

```
      SUBROUTINE KOPF
      WRITE(2,1)
    1 FORMAT(1H1,18X,4HA(I),16X,4HB(I),16X,4HC(I),27X,2H1,18X,2H2,9X/)
      RETURN
      END
```

Ü. 12.2.3.

```
      SUBROUTINE TRANSP(A,N)
      DIMENSION A(N,N)
      N1=N-1
      DO 77 I=1,N1
      I1=I+1
      DO 77 J=I1,N
      X=A(I,J)
      A(I,J)=A(J,I)
   77 A(J,I)=X
      RETURN
      END
```

Literaturverzeichnis

[1] *Hersing, W. P.:* History and Summery of FORTRAN Standardization Development for the ASA in Communications of the ACM (1964), H. 10.

[2] *McCracken, Daniel D.:* A Guide to FORTRAN Programming. New York: Wiley and Sons 1961.

[3] *Pollack, S. V.:* A Guide to FORTRAN IV. New York/London: Columbia University Press 1965.

[4] *Künzi, H. P.; Schilling, W.:* Einführung in die elektronische Datenverarbeitung. Zürich: Verlag Industrielle Organisation 1964.

[5] Firmenschrift: FORTRAN (1900 series). ICT Computer Publication, London (1966).

[6] Firmenschrift: BASIC FORTRAN IV (GE-400 SERIES), Rerefence Manual, General Electric (1966).

Sachwörterverzeichnis

Anfangswertanweisung 49
Anweisungsfunktion 44, 47
Äquivalenzanweisung 49
Ausdruck 42, 45, 57
Ausgabeliste 23

BACKSPACE 25
Basissymbole 30, 33
BLOCK DATA 58, 59

CALL 56
COMMON 55f., 59
common-Anweisung 49
COMPLEX 48
CONTINUE 35

DATA 59
Dateneinheit 7
Datensatz 7, 18
DIMENSION 19, 34, 50, 59
Dimension 51, 54
DO 21, 35
DOUBLE PRECISION 48, 59

Eingabefeld 7
Eingabeliste 21, 23
ENDFILE 25
EXTERNAL 52

FALSE 29
Feldelementnahme 18f., 57
Felder 18f., 22
File 25
FORMAT 19, 28 f., 34
Formatanweisung 6, 18
Formatmarke 21
FUNCTION 47, 50
Funktion 42, 50

Gerätekennzeichen 21, 23

Hollerithkonstante 25, 57

INTEGER 48, 59

Konvertierung 6

Laufanweisung 20
Laufvariable 20
LOGICAL 48f.

Magnetband 25
Marke 19, 35, 39

Namen 19, 41

Papiervorschub 25, 30
Parameter 41, 44, 49, 52, 55

READ 19, 21, 34
REAL 48, 59
Record 7, 18, 21, 24, 31
RETURN 47f., 56
REWIND 25
Routineprogramm 40

Standardfunktion 40
SUBROUTINE 53

TRUE 29

Variablen 20, 29, 55, 57
Verschiebeexponent 8, 11, 12

Wiederholungskonstante 8
WRITE 23, 29

Zyklische Liste 20f.